U0170721

全本全注全译丛书

中华
经典
名著

陈伟明◎译注

随园食单

中華書局

图书在版编目(CIP)数据

随园食单/陈伟明译注. —北京:中华书局,2020.6
(2024.10 重印)
(中华经典名著全本全注全译丛书)
ISBN 978-7-101-14405-5

Ⅰ.随… Ⅱ.陈… Ⅲ.①烹饪-中国-清前期②食谱-中国-
清前期③菜谱-中国-清前期 Ⅳ.TS972.117

中国版本图书馆 CIP 数据核字(2020)第 027925 号

书　　名	随园食单	
译 注 者	陈伟明	
丛 书 名	中华经典名著全本全注全译丛书	
责任编辑	张彩梅	
装帧设计	毛　淳	
责任印制	管　斌	
出版发行	中华书局	
	(北京市丰台区太平桥西里 38 号　100073)	
	http://www.zhbc.com.cn	
	E-mail:zhbc@zhbc.com.cn	
印　　刷	北京盛通印刷股份有限公司	
版　　次	2020 年 6 月第 1 版	
	2024 年 10 月第 7 次印刷	
规　　格	开本/880×1230 毫米　1/32	
	印张 8¾　字数 200 千字	
印　　数	60001-66000 册	
国际书号	ISBN 978-7-101-14405-5	
定　　价	26.00 元	

目录

前言

　　《随园食单》是我国古代一部重要的饮食文化著作。作者袁枚（1716—1797），字子才，号简斋，又号随园老人，今浙江杭州人氏。他于乾隆四年（1739）中进士，授翰林院庶吉士，并先后于江苏溧水、江浦、沭阳、江宁任县令七年。袁枚为官正直勤政，颇有名声，奈仕途不顺，遂无意吏禄，于乾隆十四年（1749）辞官隐居于南京小仓山随园。从此他广交宾朋，云游四野，对酒当歌，论文赋诗，成为当时著名的雅士、风流才子。

　　袁氏一生著述甚丰，有《小仓山房诗文集》《随园诗话》《随园随笔》《子不语》《小仓山房尺牍》等作品传世。袁氏生于盛世，时上流社会生活奢华，对美食精馔趋之若鹜。在当时饮食文化随盛世而辉煌的历史条件下，袁氏继承传统，博采百家，孜孜不倦，以食为学，创新发展，积数十年体验美食之功，写出了《随园食单》这部具有划时代意义的饮食文化大作。在袁氏的治理经营下，袁氏的随园也成为当地享有盛名的食材生产基地。园中的种植业与养殖业均十分发达，鲜果菜蔬，品种多样；鱼类家禽，应有尽有；美酒佳酿，富藏园中。袁氏的饮食文化理论，源于丰富的饮食生活，也源于身体力行的生产活动。

　　袁氏的《随园食单》，既是饮食专著，更是文化专著。它不仅蕴含深刻的饮食文化理论，更展示了饮食生活的实际功能与特色，是宝贵的饮食文化遗产,至今仍具有重要的借鉴意义。

一　《随园食单》饮食文化内容与特色

　　袁氏《随园食单》,内容丰富,包罗万象。

　　全书分为《须知单》《戒单》《海鲜单》《江鲜单》《特牲单》《杂牲单》《羽族单》《水族有鳞单》《水族无鳞单》《杂素菜单》《小菜单》《点心单》《饭粥单》《茶酒单》十四个部分,详细论述了14—18世纪中叶流行的三百多种菜式以及各种好茶名酒,可谓一部饮食文化的百科全书。

　　在食物原料方面,常见的谷物瓜蔬、家禽野味、飞鸟鱼类等,样样齐备。在烹调技巧方面,焖、煎、焗、炒、蒸、炸、炖、煮、腌、酱、卤、醉等制作方式,面面俱到。在菜式的特点方面,主要介绍了江浙地区为主的名食美肴以及美酒名茶,但并不局限于一隅,也介绍了京菜、粤菜、徽菜、鲁菜等地方菜式。如《特牲单》中的"端州三种肉","一罗蓑肉。一锅烧白肉,不加作料,以芝麻、盐拌之。切片煨好,以清酱拌之。三种俱宜于家常。端州聂、李二厨所作",表现了粤菜注重食物原味与清淡的特色。而《杂牲单》主要介绍了牛、羊、鹿三种南方并不常见的肉类菜式。如"羊头","取老肥母鸡汤煮之,加香蕈、笋丁,甜酒四两,秋油一杯。如吃辣,用小胡椒十二颗、葱花十二段;如吃酸,用好米醋一杯",体现了北方菜式味道多重,配料繁杂的特点。书中美食名肴,南北兼有。一些历史上的地方名菜,也通过袁氏书中的记载,得到传承发扬,成为当地流行的名食美食。如《羽族单》所载元人倪瓒"云林鹅",袁氏书中详尽介绍了具体的烹煮之法,原料的处理,火候的掌握,调配料的应用等,都具有可操作性,也成为江南名肴。

　　在饮食菜式的层次方面,本书也是不拘一格。既有如阳春白雪的山珍海味,也有像下里巴人的粗茶淡饭,高低不论,全面记述,所记载的菜式包罗万象。宫廷菜,有王太守八宝豆腐,原是康熙时代宫廷御膳房的菜式。官府菜,有尹文端公家的蜜火腿、杨兰坡府中所制肉圆、扬州朱分司家的红烧鳗鱼等。寺院菜,有江浙等地的寺院菜式,如《特牲单》中"黄芽菜煨火腿","用好火腿,削下外皮,去油存肉。先用鸡汤将皮煨酥,再将肉煨酥。放黄芽菜心,连根切段,约二寸许长;加蜜、酒酿及水,连煨半日。上口甘鲜,肉菜俱化,而菜根及菜心丝毫不散。汤亦美极。朝天宫道士法也"。又《杂素菜单》中有"煨木耳、香蕈","扬州定慧庵僧,能将木耳煨二分厚,香蕈煨三分厚。先取蘑菇熬汁为卤"。民间菜,主要是特点各不相同的厨师所烹制的各类家常菜式。如《羽族单》中的"干蒸鸭","杭州商人何星举家干蒸鸭。将肥鸭一只,洗净斩八块,加甜酒、秋油,淹满鸭面,放磁罐中封好,置干锅中蒸之。用文炭火,不用水。临上时,其精肉皆烂如泥。以线香二枝为度"。民族菜,有满族的白片肉。街市菜,主要是江浙地区城镇店铺经营的各种菜肴小食等。《水族有鳞单》中"醋搂鱼","用活青鱼切大块,油灼之,加酱、醋、酒喷之,汤多为妙。俟熟即速起锅。此物杭州西湖上五柳居最有名"。又《点心单》中"萧美人点心","仪真南门外,萧美人善制点心,凡馒头、糕、饺之类,小巧可爱,洁白如雪"。又"百果糕","杭州北关外卖者最佳。以粉糯,多松仁、胡桃,而不放橙丁者为妙。其甜处非蜜非糖,可暂可久。家中不能得其法"。可知街市饮食也是饮食文化生活不可或缺的重要组成部分。

《随园食单》一书,内容丰富,记述全面,为后人留下了反映清代饮食文化的宝贵文献,对于认识清代饮食文化的发展与水平,具有重要的历史意义。

袁氏《随园食单》一书,分类编写细致严谨,语言生动形象。

袁枚的食物食品分类较为细腻,如江海鱼类就划分为《海鲜单》《江鲜单》《水族有鳞单》《水族无鳞单》四类,将江海鱼类水产,按照各自形态特点、生长特点、饮食制作特点进行总结分类。又如将猪肉食品作《特牲单》专门介绍,而将牛、羊、鹿等作《杂牲单》介绍,实际上这也是按照古代南北地区的重要肉类产品进行的划分。江南地区,以猪肉为主要肉食来源,具有农耕文化特色,体现了南方地区肉类生产与饮食风格。而牛、羊、鹿则是北方及中原地区主要的肉类,具有游牧文化的特色,体现了北方地区肉类生产与饮食风格。而鸡、鸭、鹅等则归编在《羽族单》中。又如《小菜单》所介绍的蔬瓜等一类的食材,以腌、酱、酸、干等不同方式制作为多,作为辅助小食配菜,以冷食为主。袁枚根据食物在饮食生活中所担任的不同角色,分门别类,各有侧重,各有特色。类似的食单分类并非尽善尽美,但至少为饮食风格特色的体现提供了重要的参考,别具一格,自成一派。

袁氏本书中对食单食谱,能够尽可能详细地进行解读;对饮食制作过程中原料的处理、菜肴的搭配调味、烹调制作的流程及注意事项都有尽可能多的阐述。如《特牲单》中"炒肉丝","切细丝,去筋襻、皮、骨。用清酱、酒郁片时,用菜油熬起,白烟变青烟后,下肉炒匀,不停手,加蒸粉,醋一滴,糖一撮,葱白、韭蒜之类。只炒半斤,大火,不用水。又一法:用油泡后,用酱水加酒略煨,起锅红色,加韭菜尤香"。又《羽族单》中"赤炖肉鸡","赤炖肉鸡,洗切净,每一斤用好酒十二两、盐二钱五分、冰糖四钱,研酌加桂皮,同入砂锅中,文炭火煨之。倘酒将干,鸡肉尚未烂,每斤酌加清开水一茶杯"。不少食谱的编写,详略得当,条理清晰,不仅是对当时饮食制作经验的总结,而且也利于时人或后人掌握与实践,具有较强的实用性与可操作性。

袁氏书中食肴的命名也颇具特色,多姿多彩。或按食物原料命名:如牛肉、羊蹄、季鱼、菠菜、鸽蛋一类的食肴;或按饮食烹饪方式与制作方法命名:如红煨肉、粉蒸肉、烧羊肉、生炮鸡、醋搂鱼、酱炒甲鱼、糟菜、酱姜等,这类命名方式显示了食物原料与烹饪方式的饮食制作信息。有的命名表现了荤素之别。如《杂素菜单》中的"素烧鹅":"煮烂山药,切寸为段,腐皮包,入油煎之,加秋油、酒、糖、瓜姜,以色红为度"。或按人名、地名来命名:人名命名如尹文端公家风肉、唐鸡、云林鹅、程泽弓蛏干、王太守八宝豆腐、杨中丞西洋饼等;地名命名如端州三种肉、宣城笋脯等;也有人名地名相结合命名,如扬州洪府粽子等。总之,菜肴名称的不拘一格,变化多端,也从一个方面展示了清代饮食文化风采。

　　袁氏语言生动活泼,旁征博引,既有故事性的记述,也有随笔性的论证,其可读性较强。书中的语言描写,通俗易懂,令人读之不忍释手。如《点心单》中的"运司糕","卢雅雨作运司,年已老矣。扬州店中作糕献之,大加称赏。从此遂有'运司糕'之名。色白如雪,点胭脂,红如桃花。微糖作馅,淡而弥旨"。又如《茶酒单》中的"武夷茶","余游武夷到曼亭峰、天游寺诸处。僧道争以茶献。杯小如胡桃,壶小如香橼,每斟无一两。上口不忍遽咽,先嗅其香,再试其味,徐徐咀嚼而体贴之。果然清芬扑鼻,舌有余甘。一杯之后,再试一二杯,令人释躁平矜,怡情悦性。始觉龙井虽清而味薄矣,阳羡虽佳而韵逊矣。颇有玉与水晶,品格不同之故。故武夷享天下盛名,真乃不忝"。文如散文随笔,生动描写了武夷茶的品茶之道。读后虽未知茶味,却如知茶韵。袁氏通过生动的语言,给呆板的食单食谱注入了形象的表述特色,令人耳目一新,成为一部中国饮食文化的形象之书。

二　《随园食单》饮食文化思想理论与历史价值

　　袁氏《随园食单》一书,也对中国饮食文化的发展在思想文化价值上做了更多理论与实践的探讨,表现了袁氏饮食文化思想与观念的传承创新特色。本书开章两篇《须知单》与《戒单》,着重在饮食文化理论上进行一系列的探讨。作者对包括饮食烹调理论、饮食文明卫生、饮食烹调技术原则等在内的多方面进行论述,以进一步揭示饮食文化发展的方向性与规律性,这反映了袁氏本人不仅将饮食烹调看作一门聊以果腹、满足物质生活需要的工艺技艺,而且还把饮食烹调当作一门学问进行研究,以追求具有高尚饮食情调与意趣的文化艺术享受,更好地满足社会精神文明生活的发展需要,进一步提高了饮食文化的理论层次。

　　首先,袁氏的《随园食单》中,十分强调本味为上的理论。所谓本味,一般是指食物原料经过烹饪制作后,仍然能最大限度地保持其原来特有的自然风味。随着饮食文化的发展,烹饪技术不断创新,食肴的用料也更加丰富多样。如何把菜肴中主副料适当配合,在保持突出食物本味的同时,也能形成不同的风味特色,就需要调味,以满足饮食者的更多需求。人们在饮食生活的实践中,进一步认识到,适当的食物原料搭配与适量的调味品调配,并不会影响饮食本味的追求,而且还可以五味调和,进一步丰富和完善对食物本味的品赏与享受。关键在于调味必须适可而止,适料而配,适味而合。如袁氏《羽族单》中的"生炮鸡","小雏鸡斩小方块,秋油、酒拌,临吃时拿起,放滚油内灼之,起锅又灼,连灼三回,盛起,用醋、酒、纤粉、葱花喷之",既保持了鸡肉的本味特色,也起到辅助调味的作用,令食肴别具风味。饮食烹调,必须讲究食肴的色香味美,这是饮食享受的重要内容,而食肴的色香味美,最重要体现为本味为上,调味为辅。主要表现在以下若干方面。

饮食烹调必须重视食物原料的选择。《须知单》中指出:"大抵一席佳肴,司厨之功居其六,买办之功居其四。"说明了食物原料的选择对于烹制美味佳肴所具有的重要性。由于品种不同,或时令季节不合适,会导致同样的食物原料在质量上有很大差别。"凡物各有先天,如人各有资禀。人性下愚,虽孔、孟教之,无益也。物性不良,虽易牙烹之,亦无味也。指其大略:猪宜皮薄,不可腥臊;鸡宜骟嫩,不可老稚;鲫鱼以扁身白肚为佳,乌背者,必崛强于盘中;鳗鱼以湖溪游泳为贵,江生者,必槎丫其骨节;谷喂之鸭,其膘肥而白色;壅土之笋,其节少而甘鲜;同一火腿也,而好丑判若天渊;同一台鲞也,而美恶分为冰炭。其他杂物,可以类推。"所以食物原料的选择,要因地而选,因时而选,择优而选,以保证食物的原味本味。

饮食烹调时还应根据不同的烹制要求,选取食物原料不同的品类或部位。如书中提道:"选用之法,小炒肉用后臀,做肉圆用前夹心,煨肉用硬短勒。炒鱼片用青鱼、季鱼,做鱼松用鲜鱼、鲤鱼。蒸鸡用雏鸡,煨鸡用骟鸡,取鸡汁用老鸡;鸡用雌才嫩,鸭用雄才肥;莼菜用头,芹韭用根。皆一定之理。余可类推。"这是具有一定的饮食科学道理的,这样可以充分体会品赏食物的本味。

不仅主料选用力求优质,类似葱、椒、油、盐、醋等调味品,也主张务求上品。"作料须知"所谓:"厨者之作料,如妇人之衣服首饰也。虽有天姿,虽善涂抹,而敝衣蓝缕,西子亦难以为容。善烹调者,酱用伏酱,先尝甘否;油用香油,须审生熟;酒用酒酿,应去糟粕;醋用米醋,须求清冽。且酱有清浓之分,油有荤素之别,酒有酸甜之异,醋有陈新之殊,不可丝毫错误。其他葱、椒、姜、桂、糖、盐,虽用之不多,而俱宜选择上品。苏州店卖秋油,有上、中、下三等。镇江醋颜色虽佳,味不甚酸,失醋之本旨矣。以板浦醋为第一,浦口醋次之。"说明优质调味品,方能更加有效地发挥食料食材的优质本味。

在食肴的色香味美中,色彩是美感的来源,是美食烹调中必不可少的重要一环。同时,人是具有嗅觉的,进食前感受到食肴之香气,对于提振食欲十分重要。袁氏重视菜肴的色香制作,但是主张原色原香,反对过分通过外加物料而获得食肴色香。《须知单》中有谓:"嘉肴到目、到鼻,色臭便有不同。或净若秋云,或艳如琥珀,其芬芳之气,亦扑鼻而来,不必齿决之,舌尝之,而后知其妙也。然求色不可用糖炒,求香不可用香料。一涉粉饰,便伤至味。"食肴美味也是烹调中的关键。食品菜肴,不论色形如何欠佳,但决不能寡而无味,袁氏也深谙此道。他主张本味为美。《须知单》中也有谓:"一物有一物之味,不可混而同之。犹如圣人设教,因才乐育,不拘一律。所谓君子成人之美也。今见俗厨,动以鸡、鸭、猪、鹅,一汤同滚,遂令千手雷同,味同嚼蜡。"

其次,袁氏《随园食单》也体现了饮食文化中调和适中理论。

五味调和,是中国饮食文化的核心,袁氏书中所表达的饮食文化理论也十分强调这一点,并从不同的角度对这一理论观点进行了阐述。

如在烹调中,注重味道适中为美味,所以"名手调羹,咸淡合宜,老嫩如式,原无需补救"。所谓:"凡一物烹成,必需辅佐。要使清者配清,浓者配浓,柔者配柔,刚者配刚,方有和合之妙。"说明要在了解食材天然物性的基础上,合理调和,才能达致五味调和、自然真醇的饮食文化要求。

同时,在饮食烹调过程中,如何掌握好火候的调控,也是制作调和美味佳肴的重要保证。主要是根据不同食物的原料特性和菜肴的加工方式,进行火候适中调控。袁氏有谓:"熟物之法,最重火候。有须武火者,煎炒是也,火弱则物疲矣。有须文火者,煨煮是也;火猛则物枯矣。有先用武火而后用文火者,收汤之物是也;性急则皮焦而里不熟矣。有愈煮愈嫩者,腰子、鸡蛋之类是也。有略煮即不嫩者,鲜鱼、蚶、蛤之类是也。肉起迟则红色变黑,鱼起迟则活肉变死。屡开锅盖,则多沫而少香;火息再烧,则走油而味失。道人以丹成九转为仙,儒家以无过、不及为中。司厨者,能知火候而谨伺之,则几于道矣。鱼临食时,色白如玉,凝而不散者,活肉也;色白如粉,不相胶粘者,死肉也。明明鲜鱼,而使之不鲜,可恨已极。"

饮食烹调中调料与食材之间的中和要因菜而定,这样才能烹制出美味佳肴。"调剂之法,相物而施。有酒、水兼用者,有专用酒不用水者,有专用水不用酒者;有盐、酱并用者,有专用清酱不用盐者,有用盐不用酱者;有物太腻,要用油先炙者;有气太腥,要用醋先喷者;有取鲜必用冰糖者;有以干燥为贵者,使其味入于内,煎炒之物是也;有以汤多为贵者,使其味溢于外,清浮之物是也。"

美食的制作应以饮食者的完美享受为终结。如何更好地享受美食,袁氏本书也有独到创新之论。袁氏赞同传统"美食不如美器"的观点。他在主张食器雅丽的同时,也认为适中为好,不必过分奢华。同时食器的大小、形状、材质需与食物相互配合,相得益彰,参差变化,方可为美食增添视觉触觉上的享受。袁氏篇中提出:"古语云:美食不如美器。斯语是也。然宣、成、嘉、万,窑器太贵,颇愁损伤,不如竟用御窑,已觉雅丽。惟是宜碗者碗,宜盘者盘,宜大者大,宜小者小,参错其间,方觉生色。若板板于十碗八盘之说,便嫌笨俗。大抵物贵者器宜大,物贱者器宜小。煎炒宜盘,汤羹宜碗,煎炒宜铁锅,煨煮宜砂罐。"

袁氏还对上菜次序对于食肴美味享受的关系提出自己的看法。现在看来,袁氏这一观点符合饮食科学。其谓:"上菜之法,盐者宜先,淡者宜后;浓者宜先,薄者宜后;无汤者宜先,有汤者宜后。且天下原有五味,不可以咸之一味概之。度客食饱,则脾困矣,须用辛辣以振动之;虑客酒多,则胃疲矣,须用酸甘以提醒之。"通过上菜次序的调整,令食肴味型调和转换,提高饮食者食欲,使之保持对美食享受的兴致。

袁氏饮食文化调和适中理论,蕴含儒家文化的中庸之道,传承体现了中国传统文化特色。

袁氏《随园食单》中,还展示了饮食文化的养生与卫生理论。

饮食不仅可以维系生命,也是养生保健的重要内容,寓养于食,寓医于食,食疗结合。袁氏书中,充分反映了中国食疗文化传统的理论特色,主要包括养生与卫生两个方面内容。

养生理论方面,袁氏书中不少菜式以中药药材作为配料,根据各种药材的特性,广泛应用在烹调菜肴中。既有药食,如"黄芪蒸鸡治瘵";又有药粥,如"鸡豆粥";还有药酒等。在不同的饮食层面中表现了食疗的传统理论和观念。此外,在不同的食单中,袁氏注意南北食肴的区别与缘由,提倡饮食养生中必须因时、因地、因人而食的思想观念与方法。认为饮食者若能顺应自然规律、生态环境、以及不同年龄、体质等身体特性,就是最好的养生方法。

袁氏同时主张饮食有道,节制养生,反对暴饮暴食,这也是饮食养生的重要方面,即培养饮食者对于饮食文化的正确态度与良好的价值取向,抛弃饮食生活中的不良嗜好与倾向。袁氏为此特设《戒单》篇,对于饮食生活中的普遍弊端做出抨击,如戒外加油、戒穿凿、戒暴殄、戒走油、戒落套、戒混浊、戒苟且,还对饮食生活中追求排场、奢侈浪费的不良现象提出了严厉的批评。

如"戒耳餐","何为耳餐？耳餐者，务名之谓也。食贵物之名，夸敬客之意，是以耳餐，非口餐也。……尝见某太守燕客，大碗如缸，白煮燕窝四两，丝毫无味，人争夸之。余笑曰：'我辈来吃燕窝，非来贩燕窝也。'可贩不可吃，虽多奚为？若徒夸体面，不如碗中竟放明珠百粒，则价值万金矣，其如吃不得何？"又"戒目食","何为目食？目食者，贪多之谓也。今人慕'食前方丈'之名，多盘叠碗，是以目食，非口食也。……余以为肴馔横陈，熏蒸腥秽，目亦无可悦也"。又"戒纵酒","事之是非，惟醒人能知之；味之美恶，亦惟醒人能知之。伊尹曰：'味之精微，口不能言也。'口且不能言，岂有呼吸酗酒之人，能知味者乎？往往见拇战之徒，啖佳菜如啖木屑，心不存焉"。类似的饮食恶习，均非饮食之道，不仅不能真正享受美味佳肴，而且也造成了饮食浪费，损害了人们生活文明与健康。所以饮食有道，就是食之有味，食之有节，食之有心，食之有理，如此方能真正体验中国饮食文化的精华。袁氏之论，在今天仍不失其意义。

袁氏书中，也有不少饮食卫生的理论与方法，值得后人重视与领会。烹调美味佳肴，是一个系统工程。不仅与食物原料质量与制作者的工艺水平有关，外在的烹饪环境也至关重要。袁氏认为要提高饮食烹调的水平，还必须有良好的饮食卫生条件与环境。食物原料的清洗清洁，厨房的卫生环境，厨师的卫生习惯和职业道德等，都是美食烹饪的重要前提，不可忽视。袁氏谓："洗刷之法，燕窝去毛，海参去泥，鱼翅去沙，鹿筋去臊。肉有筋瓣，剔之则酥；鸭有肾臊，削之则净；鱼胆破，而全盘皆苦；鳗涎存，而满碗多腥；韭删叶而白存，菜弃边而心出。《内则》曰：'鱼去乙，鳖去丑。'此之谓也。谚云：'若要鱼好吃，洗得白筋出。'亦此之谓也。"又谓："切葱之刀，不可以切笋；捣椒之臼，不可以捣粉。闻菜有抹布气者，由其布之不洁也；闻菜有砧板气者，由其板之不净也。'工欲善其事，必先利其器。'良厨先多磨刀，多换布，多刮板，多洗手，然后治菜。至于口吸之烟灰,头上之汗汁,灶上之蝇蚁,锅上之烟煤,一玷入菜中,虽绝好烹庖,如西子蒙不洁,人皆掩鼻而过之矣。"

袁氏的饮食文化思想理论,内容多元,全面丰富,在承继中国优秀传统饮食文化理论的基础上,不断发展和创新,不仅具有重要的文化理论价值,也具有重要的实践指导意义。袁氏《随园食单》是我国传统文化的总结与发扬,也为今天饮食文化文明健康发展,提供了重要的借鉴与参考。

三　本书整理方式

本书以清嘉庆元年小仓山房藏版为底本,并参考了其他较为通行的版本,以题解、注释、翻译等形式进行了整理。在注译的过程中,笔者充分吸纳不少专家的意见,以及近二十年间有关校注研究成果。如李红译注《随园食单》(中国纺织出版社 2006 年),王英中、王英志点校《随园食单》(凤凰出版社 2006 年),陈克炯等译注《随园食单》(崇文书局 2004 年)等,这里未能一一尽列。前人的成果给笔者带来不少的启发与借鉴,在此深表谢意。希望读者通过阅读此书对中国传统饮食文化有更多的了解与认识。限于笔者的知识和水平,本书的写作,或有不妥之处,恳请读者批评指正。

暨南大学历史系　陈伟明

2020 年 3 月

序

诗人美周公而曰"笾豆有践"①，恶凡伯而曰"彼疏斯稗"②。古之于饮食也，若是重乎？他若《易》称"鼎亨"③，《书》称"盐梅"④。《乡党》《内则》琐琐言之⑤。孟子虽贱饮食之人，而又言饥渴未能得饮食之正⑥。可见凡事须求一是处，都非易言。《中庸》曰："人莫不饮食也，鲜能知味也。"⑦《典论》曰："一世长者知居处，三世长者知服食。"⑧古人进鬐离肺，皆有法焉，未尝苟且⑨。"子与人歌而善，必使反之，而后和之。"⑩圣人于一艺之微，其善取于人也如是。

【注释】

①诗人美周公而曰"笾（biān）豆有践"：语出《诗经·豳风·伐柯》。原文为："我觏之子，笾豆有践。"诗人用"笾豆有践"赞美周公治国有功。周公，西周初期著名的政治家，姓姬名旦。曾辅助武王灭商，建立西周王朝。武王死后，继续辅助幼主成王摄理国政。曾东征平武庚、管叔、蔡叔之乱，制定西周礼乐制度，是历史上的圣贤典范。笾豆有践，大意是说盛满食品的食器整齐地摆放在桌上。笾，古代祭祀及宴会中装盛果品肉脯的竹编食器。豆，古

代食器,初以木制,形似高足盘,后多用于祭祀。践,行列有序之状。

②恶凡伯而曰"彼疏斯稗(bài)":语出《诗经·大雅·召旻》。原文为:"维昔之富不如时,维今之疚不如兹。彼疏斯稗,胡不自替?职兄斯引。"张次仲《待轩诗记》:"彼时之疏,斯时直以为稗。即粗粝之食亦不可得,慌乱之象如此。"《毛诗序》说:"《召旻》,凡伯刺幽王大坏也。旻,闵也,闵天下无如召公也。"袁枚认为此处是诗人用"彼疏斯稗"怨恨凡伯治国无方,这与传统解释不尽相同。凡伯,西周王朝建立后实行分封制。周公旦政治地位特殊,其儿子也得到天子分封。三子瞵分封在今河南辉县,称为凡国。凡国的君主为世袭制,继承其爵位的历代君主,后世一律称为凡伯。疏,粗也,即糙米。稗,通"粺",精米。

③《易》称"鼎亨":语出《周易》。原文为:"《鼎》:元吉,亨。"上古鼎器,既可烹物,也是权力象征。君子持鼎意味国家权力集中,必大吉而亨通顺利。《易》,指《周易》,也称《易经》。内容包括经和传两个部分。通过象征八种自然现象的八卦形式推测自然和人事的变化,以阴阳二气的交感作用为产生万物的本源。被儒家奉为经典。它是中国传统思想文化中自然哲学和人文实践的理论根源,对中国几千年社会产生了深刻的影响。鼎,为古代炊器,以鼎烹煮食物。

④《书》称"盐梅":语出《尚书·说命》。原文为:"若作和羹,尔惟盐梅。"意为羹须盐、梅以和之。乃殷高宗命傅说为相的言辞,指他是国家十分需要的人才,后因此作为赞美相业之辞。《书》,指《尚书》,为先秦时代政事文献的汇编。内容以上古及夏、商、周的君王重臣宣示布告的讲话记录为主。儒家"十三经"之一。盐梅,即用为调料的盐和梅子。

⑤《乡党》《内则》琐琐言之:指《乡党》《内则》两篇文章中很多方面

都提及饮食,以喻教化。《乡党》,为《论语》中的篇名。《论语》,是一本以记录春秋时期思想家孔子言行为主的言论汇编,是儒家重要的经典之一。《内则》,为《礼记》中的篇名。《礼记》是我国古代一部重要的典章制度书籍。据传为孔子的七十二弟子及学生所作,西汉礼学家戴圣所编。主要记载了先秦礼制,集儒家思想资料之大成,反映了先秦儒家哲学、政治、教育等思想。在唐代被列为"九经"之一,到宋代被列入"十三经"之中,成为士人必读之书。琐琐,指多言貌,啰嗦之意。

⑥孟子虽贱饮食之人,而又言饥渴未能得饮食之正:语出《孟子·尽心上》。原文为:"饥者甘食,渴者甘饮,是未得饮食之正也,饥渴害之也。"大意说饥不择食、渴不择饮时,都不能认识体会食物和饮料的正常滋味。

⑦"《中庸》曰"几句:大意为人不可能不吃不喝,却很少有人真正理解饮食的滋味。《中庸》,书名。本为《礼记》中的一篇,相传为战国子思所作,一说为秦汉之际儒者所作。书中保存了子思一派思想资料,并对孔子中庸思想做了进一步发挥,认为中庸是衡量道德行为的最高准则和世界万物的基本秩序,以诚作为个人修养的至极境界及世界本体,并把诚与天道、社会历史相联系,认为达到至诚,就可以知兴亡、祸福。它与《大学》《论语》《孟子》并列为"四书",是士人必读之书,也是明清科举考试的出题依据。

⑧"《典论》曰"几句:大意为一代尊贵者,知道建筑舒适居处;三代尊贵者,才能真正掌握饮食之道。《典论》,三国时期曹丕曾著有《典论》五卷,原书已散佚。这里或指另书,不详。一世,一代。

⑨"古人进鬐(qí)离肺"几句:《仪礼》《礼记》等规定,用鱼及动物肺进献时,鱼脊必须朝着享用者,割肺则须连着心。不可随意违规。鬐,鱼脊鳍。这里指鱼或鱼翅。离肺,指分割猪牛羊等祭品的肺叶。

⑩"子与人歌而善"几句：语出《论语·述而》。大意是说孔子与人一起唱歌，如唱得好，必定让人再唱一遍，然后和他一同唱。孔子弟子称之为"歌而善"，意指孔子行善于常事，尽量让他人开心愉快，不以损害他人而后快。

【译文】

诗人赞美周公，就说"笾豆有践"，以赞扬周公治国有方；厌恶凡伯之无能，就说"彼疏斯粺"。可见古人对于饮食是多么重视。其他如《周易》谈到"鼎亨"，《尚书》提到用"盐梅"调味。《乡党》《内则》多处琐碎地提及饮食之事。孟子虽然看不起那些讲究吃喝之人，却又说饥不择食、渴不择饮之人不可能懂得正常的饮食之味。由此可知，任何事情，都必须有正确的处事准则，并非轻易就能下结论。《中庸》说："人不可能不吃不喝，却很少有人真正理解饮食的滋味。"《典论》也说："一代尊贵者，知道建筑舒适居处；三代尊贵者，才能真正掌握饮食之道。"古人对于进食鱼或鱼翅以及分割动物祭品肺叶一类的事情，均有一定的法则，不曾马虎了事。"孔子与别人唱歌，若别人唱得好，一定请他再唱一遍，然后自己跟着他唱和。"孔圣人对于唱歌技艺这样微小的事情，都能与人为善，虚心好学，不耻下问，实在难能可贵。

　　余雅慕此旨①，每食于某氏而饱，必使家厨往彼灶觚②，执弟子之礼③。四十年来，颇集众美。有学就者，有十分中得六七者，有仅得二三者，亦有竟失传者。余都问其方略，集而存之。虽不甚省记，亦载某家某味，以志景行④。自觉好学之心，理宜如是。虽死法不足以限生厨，名手作书，亦多出入，未可专求之于故纸⑤，然能率由旧章⑥，终无大谬。临时治具⑦，亦易指名。

【注释】

①雅：极，甚。

②灶觚(gū)：灶口平地突出之处。这里指厨房。

③弟子：指学生。

④以志景行：以表达景仰向往之意。《诗经·小雅·车辖》中有："高山仰止，景行行止。"后用以表达崇敬仰慕之情。

⑤故纸：旧纸，古旧书籍。

⑥率由旧章：完全遵照过去已有的章程办事。语出《诗经·大雅·假乐》："不愆不忘，率由旧章。"

⑦治具：置办饮食供张之器具。

【译文】

我十分敬仰这种学习精神，每次在别人家品尝到美味佳肴后，我都会让家厨前往他家厨房拜师学艺。四十年来，广泛搜集各家的烹饪技法。其中有些内容已完全掌握，有的内容只掌握了十分之六七，有的内容只掌握了十分之二三，也有完全失传的。我都逐一探讨其烹饪之法，汇集保存。虽然有些烹饪之法不一定记录得很清楚，但也记下出自某家某菜，以此表达个人的仰慕之情。自以为虚心学习，理应如此。当然，旧法陈规束缚不了厨师的灵活性，即使名家之作，也未必完全正确，所以不能只专注于在古旧书堆中寻找方法，但是能够按照有关书本的知识去实践，一般不会出现较大的过错。在临时备办酒席时，也容易有章可循，搞出名堂。

或曰："人心不同，各如其面。子能必天下之口，皆子之口乎？"曰："执柯以伐柯，其则不远①。吾虽不能强天下之口与吾同嗜，而姑且推己及物，则食饮虽微，而吾于忠恕之道，则已尽矣②。吾何憾哉？"若夫《说郛》所载饮食之书三十余种^③，眉公、笠翁^④，亦有陈言。曾亲试之，皆阏于鼻而蜇于口^⑤，大半陋儒附会，吾无取焉。

【注释】

①执柯以伐柯，其则不远：语出《中庸》。原文为："《诗》云：'伐柯，伐柯，其则不远。'执柯以伐柯，睨而视之，犹以为远。"此乃《中庸》关于为道的论述。道并非远离于人，远离于人则不可为道。以伐柯为例，拿着斧头伐木，以制斧柄，可依斧头现成之样而制。喻以儒家标准立身则可为道。伐，砍斫。柯，斧柄。

②"吾虽不能强天下之口与吾同嗜"几句：在袁枚看来，忠恕之道的内涵就是推己及人，饮食虽说是小事，但也是推行忠恕之道的一个途径。推己及物，根据自己的喜好去推测别人的心意。

③《说郛》：陶宗仪（1316—？）所编的一部丛书，汇集秦汉至宋元名家作品，包括经史传记、百氏杂书、考古博物、山川风土、虫鱼草木、诗词评论、古文奇字、奇闻怪事、问卜星象等内容。为历代私家编集大型丛书中较重要的一种。

④眉公：即陈继儒（1558—1639），字仲醇，号眉公。松府华亭（今上海松江区）人。多才艺，书学苏轼、米芾，所画山水空远清逸，善古琴，通词曲，能诗文。著有《陈眉公全集》《小窗幽记》等。世传其善于品鉴美食。笠翁：李渔（1611—1679？），初名仙侣，后改名渔，字谪凡，号笠翁。兰溪（今属浙江）人。其主要成就在戏曲创作、戏曲理论和小说创作方面，于园林、花木、美食亦有相当造诣。其名著《闲情偶寄》就有《饮馔部》专讲饮食。

⑤阏（è）：阻塞。蜇（zhē）：刺痛。

【译文】

　　有人说："人心各异，犹如相貌各不相同。您您能肯定众人的口味和您一样？"我的回答是："按照有关方法去做，原则上不会有太大的偏差。我虽然不能强求众人之口味与我一致，但我姑且按照推己及人的原则把我的喜好对外推广，那么饮食虽然是小事，但于忠恕之道，我也尽力而为。这有什么可遗憾的？"《说郛》中记载了三十多种饮食之书，陈眉公、李笠翁他们也有饮食方面的著述。我曾经试着照本制作，但都是些刺鼻伤口的菜肴，多半是那些孤陋寡闻的书生汇集的一些牵强附会之说，在我书中并未采纳。

卷一

须知单

【题解】

《须知单》可谓全书的总纲,主要讲述有关饮食烹饪的基本原则,为饮食烹饪提供理论上的指导。而且理论联系实际,结合饮食烹饪的具体实践,总结探求饮食文化的相关规律。《须知单》内容全面丰富,对食物原料的采买、洗刷、辨别、搭配,烹调过程中火候的掌握、食肴色味的取态、饮食器皿的配置,上菜的次序等,都做了详尽的论述与分析,具有理论性、科学性和实用性,为后人提供了完备经典的饮食指导范本。正如本单开篇所言:"学问之道,先知而后行,饮食亦然。"

第一,食物原料的选择。

食物原料的优劣对饮食烹调具有重要影响,同一食物原料,其质量优劣,可能有天渊之别。袁氏篇中认为,食物原料采办选购者必须掌握食物原料的选材知识与技巧,每一种食物原料都要选择最佳的品种、产地,在最佳时节采捕、保存、加工,才能尽食材先天美质。否则,"好丑判若天渊""美恶分为冰炭",袁氏认为"大抵一席佳肴,司厨之功居其六,买办之功居其四",强调了食物原料选材的重要性。

"先天须知"中指出,动物性食材一方面与动物生长年限与生理特点有关,所以在食材的选择上,强调尽可能选用一些幼嫩动物食材。另一方面,食材的优劣也与动物的生长环境有关。如在流动性较好的活水水体环境中生长的鱼类,由于水中含氧量高,鱼类生长营养丰富,肉质优于封闭水体环境中生长的鱼类。类似的提法,都是符合科学道理的饮食烹调之道。袁氏认为,要真正炮制出美味佳肴,厨师之烹调技能固然居功至上,而食物原料的选购采办者也是功不可没。

袁氏在"时节须知"中,指出食物原料的处理及食肴的烹制,必须与时令相配合。他认为不同时令对动物原料的处理时间不同,不同时令适宜食用的食物也不同。因为万物生长都有向时之序,不少食物在其生长旺盛期食用最好,其水分养分最为充足,营养物质丰富。时节一过,食物中养分自然流失,影响食物原料质量。而且食物本身的特性不同,在不同时令食用,人体适应与吸收也有较大差别,所以应该因时调整,因时择食。

食物原料的选择还包括食物原料的粗加工。袁氏在"洗刷须知"中对食物原料的粗加工,主要是洗刷加工也做了说明。食物原料烹制前必须进行适当的粗加工,其加工得当与否,直接影响菜肴制作的质量。袁氏篇中对食物原料的杂质异味的清除提出了两点原则:一是必须去除食物原料中所附着的杂质,以保持食物的整洁度与纯洁度;二是必须去除食物原料本身所具有的异味。要做到这两点,一方面可通过调味法,另一方面也可通过切除法,通过切除动物原料的某些器官及分泌物,达到去除食物原料异味的目的。

第二,调味品的应用与调剂。

中国饮食烹饪,讲求调味,所谓五味调和百味香,调味在饮食烹调中占有重要地位。袁氏篇中提出了调味的方法和原则,即必须根据食物原料的特性和菜肴的要求,从食物原料生熟、荤素、浓淡、清浊等方面选择相应调味品。对于不同的食物特性,应采用不同的调味方法,或单味调剂,或多味调剂,以提高食肴的调味功效。这样既可除去食物原料中的不良气味,也可尽可能发挥食物原料本身的鲜美之味。食物的调味,也可通过不同的烹饪方法,以调整食物的味道。如油炸方式,可令食物原料收缩,脂肪溶化,使味道更为突出;汤煨方式,可把食物原料鲜味充分调动析出,融合在汤中。食物烹调中味道的调和,因物而定,不拘一格。

第三,食物原料的主次搭配。

中国饮食烹调,用料广博,各种食物搭配得当,彼此和合,对于美味佳肴的制作具有重要意义。袁氏对此也提出自己的观点。

首先,必须按照菜肴的主料与配料,同质而配。根据食物原料的气味与质构,所谓"清者配清,浓者配浓,柔者配柔,刚者配刚",前两者为气味,后两者为质构。如此搭配,"方有和合之妙"。其次,不同的食料,具有不同的形质特色,其配菜也不尽相同,或可荤可素,或可荤不可素,或可素不可荤,各有特点,不可混淆。

另外,对于一些味道过于浓烈的食物,袁氏主张单独为肴,不可画蛇添足,横加配搭,而且可利用五味调和的方法,处理类似的食物原料,以尽其正味所长,避其味重所短,制作出美食佳肴。

第四,食物烹饪的色味与火候。

中国烹饪讲求色香味美,主要通过加热或调味,令食物色彩和形态发生变化,以发挥食物熟后色香。袁氏追求食物自然色味,反对刻意粉饰,破坏食物的天然美味,认为"一涉粉饰,便伤至味"。

控制烹饪火候,是中国饮食烹调的重要技法。袁氏总结了前人使用火候的经验,提出了烹饪火候的基本原则。认为必须根据不同食物原料的质量特性,决定烹调火力的强度以及加热时间的长短。同时也必须根据烹制方法掌握火候。如爆、熘、炸的菜品,要求鲜、嫩、脆,火力宜旺,快速烹制,而炖、煨、焖的菜品,火候宜温、宜文,慢速熬制。火候不仅关系到食物的生熟问题,最重要的是直接影响菜肴的色香味形,正所谓三分技术七分火。袁氏火候掌握之法则,即火候有度,正是中国古代饮食烹调技艺的经验总结,在今天仍具有重要的指导意义。

同时,袁氏认为烹调过程中应该根据食物性质以及烹调的方式,决定食物原料的制作分量与多寡,以免浪费。

第五,进食的要求与步骤。

袁氏在"器具须知"与"上菜须知"中,提出了进食的器具与上菜步骤的基本要求与原则。

美食与美器的和合统一,是中国饮食文化的重要特色之一。袁氏强调食器必须精美,如名贵食器,雅洁清丽,可以为饮宴增色。食器色彩、规格当与食肴、饮宴环境和合,以体现和谐之美。同时,食器还应与食肴原料及烹饪方式相配合,如高级食品宜用较大食器,以显大方珍贵。普通食品宜用较小食器,显得丰富紧凑。煎炒宜盘,汤羹宜碗,以方便进食。

在上菜步骤方面,袁氏则以咸淡、浓薄、干汤为序,论述了上菜先后以及菜肴味型的变化对人食欲的影响。通过不同菜肴味道及味型的适当转换变化,刺激进食者的食欲在协调节奏中保持兴奋,具有一定的科学道理。

另外,讲求饮食制作过程中安全卫生保障,也是中国饮食文化的传统特色之一。袁氏篇中"洁净须知"中谈及厨房加工环境以及厨师卫生习惯的具体要求。一方面食物原料加工过程,各种烹饪器皿必须洁净卫生,不能混用合用,造成食物原料互相混味,影响食肴烹制质量。另一方面对于饮食工具与饮食用具,必须勤加保养清洁。厨师也要注意个人卫生习惯,保证食物原料和食肴的洁净卫生。说明厨房环境的卫生条件与厨师的职业道德,也是饮食烹饪制作的重要内容与方面。

总之,《须知单》通过对中国饮食文化相关经验的总结,揭示了中国饮食文化的发展规律,体现了中国饮食美学的原则与特色。

首先是饮食烹饪技艺必须精益求精,袁氏强调在食物原料选取上,必须根据菜肴制作需要,结合产地时令的条件选取优质食材,这是烹饪制作的物质基础。在具体烹饪制作中,通过多种多样的烹饪方式,结合调料、火候、搭配,炮制出精细美味的菜肴。同时,袁氏还提出美食与美器相互搭配、相得益彰的观念。美食配美器,增加饮食视觉美感,使饮宴更显庄重典雅。

其次是体现了中和传统思想。"致中和"是儒家传统文化思想,天地和谐,万物相生。袁氏发扬中国饮食文化"五味调和"的核心思想。在烹饪制作上,反复强调食材的调和搭配,通过调料的调和,炮制色香味美的佳肴。而且在饮食的过程中,也重视饮食意境中方方面面的协调中和。如饭与菜的调和,餐具规格色彩的调和以及上菜顺序上的调和。袁氏篇中的中和思想,不仅体现在膳食均衡调和,也体现了人与食物之间的调和,提倡在适宜的时节,食用合适的食物,顺应自然规律,以求人与自然的和谐。

学问之道,先知而后行,饮食亦然。作《须知单》。

【译文】

探求学问的途径,必须首先掌握充分的理论知识,然后通过实践应用检验,饮食烹调的道理也是一样。因此撰写《须知单》。

先天须知

凡物各有先天,如人各有资禀。人性下愚,虽孔、孟教之,无益也。物性不良,虽易牙烹之①,亦无味也。指其大略:猪宜皮薄,不可腥臊;鸡宜骟嫩②,不可老稚;鲫鱼以扁身白肚为佳③,乌背者,必崛强于盘中④;鳗鱼以湖溪游泳为贵⑤,江生者,必槎丫其骨节⑥;谷喂之鸭,其膘肥而白色;壅土之笋⑦,其节少而甘鲜;同一火腿也⑧,而好丑判若天渊;同一台鲞也⑨,而美恶分为冰炭。其他杂物,可以类推。大抵一席佳肴,司厨之功居其六,买办之功居其四。

【注释】

①易牙:或称狄牙,名巫。其为雍人(掌烹割的内官),又称雍巫。春秋时期齐桓公的幸臣,擅长烹调,善于逢迎。传说曾烹其子以进桓公。后也多以易牙作为名厨的代名词。

②骟(shàn):阉割牲畜称为骟。

③鲫鱼:中国常见淡水鱼类之一,具有悠久的养殖历史。其肉质鲜嫩,营养价值很高。作为观赏鱼类的金鱼也是由鲫鱼演变而来。

④崛强:僵硬不屈曲。

⑤鳗鱼:鱼类。形态似蛇,无鳞。肉质细嫩多脂,营养丰富,具有滋补强壮、去风杀虫之功效。

⑥槎(chá)丫:原指树枝交错零落,此处形容鱼刺纵横杂乱。

⑦雍土:堆积的泥土,这里或指沃土。笋:是竹子初从土里长出的嫩芽,味道鲜美,富含营养,为菜中珍品。

⑧火腿:由腌制或熏制的动物后腿经过盐渍、烟熏、发酵和干燥处理等工序制作而成。是历史悠久的传统美食,以浙江金华火腿最为著名。

⑨台鲞(xiǎng):特指浙江台州出产的各类鱼干。鲞,鱼干,腌鱼。

【译文】

世上所有事物都有它先天的特性,就像人各有不同的资质本性。一个人若是过于愚笨,就算孔子、孟子再世施教,恐怕也无济于事。同样道理,如果食物原料低劣,即使类似易牙那样的名厨来烹调,也难成美味佳肴。以食物的基本要点来说:猪肉以皮薄为佳,不可有腥臊之味;鸡最好选用肥嫩的阉鸡,不可用老鸡或小鸡;鲫鱼以扁身肚白者为好,乌背黑脊者,骨刺粗突,置于盘中,形态僵硬,食相甚差;鳗鱼也以生在湖泊或溪流中的为好,在江河中生长的鳗鱼,骨刺多硬,似杂乱的树杈;用谷物喂养的鸭子,肉质肥白;沃土中生长的竹笋,节少味鲜美;同为火腿,其优劣有天渊之别;同样来自浙江台州地区的各类鱼干,其质量好坏也可能势同冰炭，相差甚远。其他各种食物原料，也可以如此类推。大体而言，一席佳肴，厨师烹调之功居六成，而选购食物的采办人，则功居四成。

作料须知

厨者之作料，如妇人之衣服首饰也。虽有天姿，虽善涂抹，而敝衣蓝缕①，西子亦难以为容②。善烹调者，酱用伏酱③，先尝甘否；油用香油，须审生熟；酒用酒酿，应去糟粕；醋用米醋，须求清冽④。且酱有清浓之分，油有荤素之别，酒有酸甜之异，醋有陈新之殊，不可丝毫错误。其他葱、椒、姜、桂、糖、盐⑤，虽用之不多，而俱宜选择上品。苏州店卖秋油⑥，有上、中、下三等。镇江醋颜色虽佳，味不甚酸，失醋之本旨矣。以板浦醋为第一⑦，浦口醋次之⑧。

【注释】

①敝衣蓝缕(lǚ)：衣衫破破烂烂。蓝缕，同"褴褛"，衣服破烂。

②西子：春秋末期越国美女西施，后与王昭君、貂蝉、杨玉环并称为中国四大美女，作为中国古代美女的典范。

③伏酱：指在三伏天所制作的酱及酱油，因天热发酵较为充分，其质量最佳。

④冽(liè)：清醇。

⑤葱：草本植物，可作调味品，具有去腥提鲜作用。姜：姜科姜属多年生草本，具有刺激性香味根茎，可供食用。其根茎鲜品或干品可作烹饪中调料，或制成酱菜、糖姜等。茎、叶、根茎可提取芳香油，广泛用于食品、饮料及化妆品生产中。桂：樟科植物，树皮芳香，亦称肉桂，可作香料，也可用为菜肴烹制调味品。

⑥秋油:传统酱油是以大豆、酵母和盐发酵酿制而成。古人一般在
　三伏天时晒酱,至立秋酱熟时提取的第一批酱油,称为秋油。其
　质量最好,又名母油。类似今天的金标酱油。

⑦板浦醋:即今江苏连云港灌云县板浦镇所产之醋。板浦镇建于
　隋末唐初,自隋唐以来,一直是经济繁华、文化发达的文明古镇。
　板浦饮食文化历史悠久,颇具特色,其中以"汪恕有滴醋"为最
　佳。此醋用高粱酿制而成,风味独特。乾隆皇帝食后赞不绝口,
　故有"皇帝老儿尝滴醋,袁大才子写名著"的佳话。

⑧浦口:在今江苏南京西北。为南北津渡要冲。明洪武四年
　(1371)筑城,九年(1376)置江浦县治此。宣德间设千户所。清
　初设浦口营都司,康熙中改设守备驻防。

【译文】

　　厨师所用的调味品,恰似妇女穿戴的衣服首饰。女子虽然貌美如
花,也善于涂脂抹粉,但穿着破衣烂衫,即使西施也难以展示她的美色。
精于烹调者,用酱当用夏日三伏天制作的酱或酱油,并要先品尝味道是
否甜美;油要芝麻香油,还需识别是生油还是熟油;酒则要用发酵酿制
酒,还须滤去酒糟;醋用米醋,要用清醇不浑之醋。而且酱有清浓之分,
油有荤素之别,酒有酸甜不同,醋有陈新之异,使用时不能有丝毫差错。
其他如葱、椒、姜、桂皮、糖、盐,虽使用得不多,也都应尽量选择上品。
苏州酱店所卖的秋油,有上、中、下三等。镇江醋颜色虽好,但酸味不
足,失去醋的最重要特色。醋以板浦醋最好,浦口醋次之。

洗刷须知

　　洗刷之法,燕窝去毛①,海参去泥②,鱼翅去沙③,鹿筋去
臊④。肉有筋瓣⑤,剔之则酥;鸭有肾臊⑥,削之则净;鱼胆
破,而全盘皆苦;鳗涎存⑦,而满碗多腥;韭删叶而白存⑧,菜

弃边而心出。《内则》曰:"鱼去乙,鳖去丑。"⑨此之谓也。谚
云:"若要鱼好吃,洗得白筋出。"⑩亦此之谓也。

【注释】

①燕窝:为雨燕科动物金丝燕及多种同属燕类用唾液与绒羽条混
　合凝结所筑成的巢。在东南亚一些海岸国家中,经过一系列采
　集、整理和选择后,形成古今市场所见的燕窝食品。燕窝含有一
　定的蛋白质、多种氨基酸等营养物质,且采集不易,于是成为古
　今人们心目中的高级滋补珍品。实际上,燕窝可以说只是偶像
　食品。现代科学证明,燕窝的营养成分并非如人们想象中那样
　丰富,其药用、食用价值也并不像传统观念中那么高。在专家眼
　中,燕窝不过是一堆口腔排泄物和羽毛的结合体,在联合国制订
　的食品名录中,燕窝甚至不被列入食品行列中。只是燕窝在古
　代曾经是贡品,采集不易,价钱不菲,也迎合了社会物以稀为贵
　的心态,因而声誉大涨,实际其性价比较低。

②海参:属棘皮海洋动物,体圆柱状,分为有刺和无刺两种。中国
　东南沿海及世界各地海域均有出产。海参体大肉厚,以形整无
　沙为上品。海参富含多种蛋白质、氨基酸及微量元素,具有重要
　的食用与药用价值,是珍贵的海产。海参本身无味,必须以鲜味
　食品相配,如以肉汁烹调,成汤、成羹或成肴。从古到今,其烹制
　都十分讲求工艺。

③鱼翅:是用鲨鱼的鳍经干制而成。其品种多样,品质各异。鱼翅
　富含蛋白质以及脂肪、钙、磷、铁等多种营养物质,是珍贵的海
　产品。

④鹿筋:鹿四肢的筋,有补阳壮骨之功,是贵重食材与药材。

⑤筋瓣:筋膜。

⑥肾膑:指雄鸭的睾丸,臊味颇浓。

⑦鳗涎：鳗鱼身体表面的一层黏液，腥气浓厚。鳗鱼烹制，一般必
　　须先做清除黏液的处理。

⑧韭：即韭菜，百合科多年生草本植物，气味芬芳强烈，可作蔬食，
　　具有补肾健胃之功。

⑨"《内则》曰"几句：出自《礼记·内则》。郑玄注曰："乙，鱼体中害
　　人者名也。今东海鲳鱼有骨名乙，在目旁，状如篆'乙'，食之鲠
　　人不可出。丑，谓鳖窍也。"大意是说，做鱼时要抠去鱼鳃里的硬
　　骨，做甲鱼时要剪除甲鱼的肛门。乙，鱼的颊骨。也有说为鱼
　　肠。如《尔雅·释鱼》："鱼肠谓之'乙'。"鳖，卵生两栖爬行动物，
　　外形似龟，软壳，没有腹甲。肉质鲜美，也可作为药材入药，具有
　　清热养阴、平肝息风之功。丑，动物的肛门。

⑩"谚云"几句：鲤鱼脊背两侧各有一条细长的白筋，如果不将白筋
　　取出，鲤鱼会有腥味。故有文中之说。

【译文】

　　食物原料的洗刷要讲究方法，燕窝要清除残存的毛絮，海参要冲洗
附着的泥土，鱼翅要刷去粘留的沙子，鹿筋要去除腥臊味。猪肉中的筋
瓣要剔净，烹调时才能酥烂；鸭肾臊味浓厚，必须削除净味；烹调鱼品，
鱼胆一破，全盘皆苦；鳗鱼的黏液不洗干净，满碗都腥；韭菜去掉叶子只
留白茎，白菜去掉边缘只留菜心。《礼记·内则》说："鱼去颊骨，鳖去肛
门。"说的就是食物原料的洗刷方法。谚语说："若要鱼好吃，洗得白筋
出。"讲的也是这个道理。

调剂须知

　　调剂之法，相物而施。有酒、水兼用者，有专用酒不用
水者，有专用水不用酒者；有盐、酱并用者，有专用清酱不用
盐者，有用盐不用酱者；有物太腻，要用油先炙者①；有气太

腥,要用醋先喷者;有取鲜必用冰糖者②;有以干燥为贵者,使其味入于内,煎炒之物是也;有以汤多为贵者,使其味溢于外,清浮之物是也。

【注释】

①炙:指煎烤。

②冰糖:是砂糖的结晶再制品,多为白色、淡黄色或淡灰色。至少在宋代已有冰糖生产。冰糖品质纯正,甜度较高。可用于制作糖果食品,也可在烹调中作调味品或甜品。

【译文】

食物调剂的方法,因菜而定。有的菜式,酒、水一齐烹煮,有的只用酒不用水,有的只用水不用酒;有的菜式,盐与酱共用,有的则专用清酱而不用盐,有的则只用盐不用酱;有的食物太过油腻,要先用油煎炸;有的食物腥味重,要先用醋喷洒除腥;有的食物需要取鲜,必用冰糖调和;有的食物最好是干烧,能让食味更为浓郁,煎炒的菜式就是这个道理;有的菜式以汤多为好,能使其味散发于外,多是那些清爽而又易浮于汤面上的食物。

配搭须知

谚曰:"相女配夫。"《记》曰:"儗人必于其伦。"①烹调之法,何以异焉?凡一物烹成,必需辅佐。要使清者配清,浓者配浓,柔者配柔,刚者配刚,方有和合之妙。其中可荤可素者,蘑菇、鲜笋、冬瓜是也②。可荤不可素者,葱、韭、茴香、新蒜是也③。可素不可荤者,芹菜、百合、刀豆是也④。常见人置蟹粉于燕窝之中⑤,放百合于鸡、猪之肉⑥,毋乃唐尧与苏峻对坐⑦,不太悖乎?亦有交互见功者,炒荤菜,用素油,炒素菜,用荤油是也。

【注释】

①《记》曰:"儗(nǐ)人必于其伦":语出《礼记·曲礼下》。大意是说,判定一个人必须要跟他同类人做比较。儗,比拟。伦,同辈,同类。

②蘑菇:真菌类食品,品种繁多,或野生采集或人工栽培,洗净现用,也可晒干食用。笋:竹子初从土里长出的嫩芽,味道鲜美,口感爽脆,可以烹制为菜肴。冬瓜:一年生蔓生或架生草本植物。果实多呈卵形,体型一般较大。可作蔬食,也可浸渍制作糖果。瓜皮及种子有消暑利尿之作用。

③茴香:多年生草本。其茎部及嫩叶可作菜蔬,其干燥成熟果实可以制作香料,称小茴香。蒜:大蒜,百合科葱属植物,也有称为蒜头。大蒜整株均可作为蔬菜食用,其蒜头可制为调味品。蒜富含多种营养及生物活性物质,具有药用价值,是著名食药两用植物。

④芹菜:伞形科植物,可作蔬食,是一种高纤维食物,具有明目降压之功效,具有一定的食疗作用。百合:百合科百合属多年生草本球根植物。鳞茎富含淀粉,鲜食、干用均可,也可作药用。刀豆:属缠绕草本植物,其嫩荚和种子可供烹调为蔬食用。

⑤蟹粉:指经过煮熟或蒸熟后拆取的蟹肉和蟹黄,味道鲜甜,可蒸可炒或作制馅原料。

⑥鸡:我国历史悠久的传统食用家禽,鸡肉味道鲜美,富含蛋白质与脂肪。猪:我国历史悠久的传统食用家畜,其食用烹调方法多样。

⑦唐尧:即尧,传说中的古帝王,号陶唐氏,后传位于舜。苏峻(?—328):字子高。长广掖县(今山东莱州)人。少有才学,初

任为长广主簿，年十八举孝廉。永嘉之乱时，纠集本地数千家结垒自保。后率众南渡，元帝任为鹰扬将军。明帝时，平王敦有功，晋升为使持节、冠军将军、历阳内史。成帝时庾亮执政，谋夺其兵权，征为大司农。后起兵反叛，被杀。

【译文】

俗话说："什么样的女子配什么样的丈夫。"《礼记》也说："判定一个人，必须与他同类的人做比较。"烹调的方法，不也是一样的道理吗？凡是一道菜肴的烹制，必须有辅料搭配。清淡菜肴，配清淡配料；浓烈菜式，配浓烈配料；菜肴柔软，配料也要柔软；菜式刚硬，配料也要刚硬，这样才能烹调出和美佳肴。其中有些食料，既可配荤，也可配素，如蘑菇、鲜笋、冬瓜。有些食料只可配荤，不可配素，如葱、韭、茴香、新蒜等。有的食料只可配素不可配荤，如芹菜、百合、刀豆。经常看到有人把蟹粉放入燕窝，把百合放入鸡肉、猪肉中，这样的搭配，好比唐尧与苏峻对坐，荒谬透顶。当然也有荤素互用效果良好的，如炒荤菜用素油，炒素菜用荤油。

独用须知

味太浓重者，只宜独用，不可搭配。如李赞皇、张江陵一流[①]，须专用之，方尽其才。食物中，鳗也，鳖也，蟹也，鲥鱼也[②]，牛羊也，皆宜独食，不可加搭配。何也？此数物者味甚厚，力量甚大，而流弊亦甚多，用五味调和，全力治之，方能取其长而去其弊。何暇舍其本题，别生枝节哉？金陵人好以海参配甲鱼[③]，鱼翅配蟹粉，我见辄攒眉。觉甲鱼、蟹粉之味，海参、鱼翅分之而不足；海参、鱼翅之弊，甲鱼、蟹粉染之而有余。

【注释】

①李赞皇：即李德裕(787—850)，字文饶。赵郡赞皇(今河北赞县)人。唐代中书侍郎李吉甫次子。早年以门荫入仕，历官宪宗、穆宗、敬宗、文宗四朝，先后两度为相，曾为牛李党争李党领袖，位高权重，政绩卓越。宣宗时被贬至崖州，后病死于此。历代对其评价甚高，称赞皇公。张江陵：即张居正(1525—1582)，字叔大，号太岳。湖广江陵(今湖北荆州)人。明万历时期内阁首辅。任内锐意改革，勇于任事。曾实行著名的"张居正改革"。《明史》有传。

②鲥(shí)鱼：是一种洄游鱼类，咸、淡水两栖，其肉质细嫩，脂肪丰富。主要分布于我国沿海浅水区。

③金陵：今江苏南京。甲鱼：鳖的俗称，也叫水鱼。卵生两栖爬行动物。不仅是餐桌上的美味，还具有滋补药用功效。

【译文】

味道过于浓烈的食物，只能单独使用，不可与他物搭配。正如李德裕、张居正一类性格刚烈的人物，只有单独使用，才能充分发挥他们的才干。食物中如鳗鱼、鳖、蟹、鲥鱼、牛羊等，都应单独为肴，不可另加搭配。为什么呢？因为这些食物味道浓厚，足可独成一肴，其缺点也不少，需要以五味调和，精心制作，方能得其美味，去其不正之味。哪里还顾得上舍弃其本味特点而节外生枝？金陵人喜欢以海参配甲鱼，鱼翅配蟹粉，我见了不禁眉头紧蹙。甲鱼、蟹粉之味，不足以与海参、鱼翅共享；而海参、鱼翅之不正之味，却足以污染甲鱼与蟹粉。

火候须知

熟物之法，最重火候。有须武火者①，煎炒是也；火弱则物疲矣。有须文火者，煨煮是也②；火猛则物枯矣。有先用武火而后用文火者，收汤之物是也；性急则皮焦而里不熟

矣。有愈煮愈嫩者，腰子、鸡蛋之类是也。有略煮即不嫩
者，鲜鱼、蚶、蛤之类是也③。肉起迟则红色变黑，鱼起迟则
活肉变死。屡开锅盖，则多沫而少香；火息再烧，则走油而
味失。道人以丹成九转为仙④，儒家以无过、不及为中⑤。司
厨者，能知火候而谨伺之，则几于道矣。鱼临食时，色白如
玉，凝而不散者，活肉也；色白如粉，不相胶粘者，死肉也。
明明鲜鱼，而使之不鲜，可恨已极。

【注释】

①武火：原来自中医概念，指火力大而急猛，煎药时先武火后文火，
即先急火后慢火。烹调中则指菜肴火候的掌握，武火指大火，文
火指小火或微火。

②煨（wēi）煮：用微火慢慢地煮。

③蚶（hān）：海产软体动物，其肉可食，且具补血养气、温中健脾之
功。蛤（gé）：即蛤蜊，蛤蜊科无脊椎贝类动物，具有很高的经济
价值。其肉鲜味美，营养丰富，且易为人体所吸收。是中国滩涂
养殖的主要品种。

④道人以丹成九转为仙：语出《抱朴子·金丹》。转，为循环变化，
烧炼时间越长，转化次数越多，其功效越大。九转丹成，道家语，
指炼成九转金丹。这里指道家炼丹，凡九转提炼而成的丹药，服
之成为仙人。

⑤儒家以无过、不及为中：指儒家中庸之道。语出朱熹《中庸章
句》，其谓："中者，不偏不倚，无过不及之名。庸，平常也。"

【译文】

烹煮之法，最重要的是掌握火候。有的必须用猛火，如煎、炒等；火
力不足，菜肴疲沓失色。有的必须用慢火，如煨、煮等；火候太猛，食物

枯干形硬。有的菜肴需收汤,先用猛火然后再用慢火;性急就会使皮焦而里面未熟。有些菜肴越煮越嫩,如腰子、鸡蛋一类的食物。有些食物稍煮肉质即变老,如鲜鱼、蚶、蛤之类。烹煮肉类,起锅迟了,肉色就会由红变黑;烹煮鱼类,起锅迟了,鱼肉就会由肉味鲜美变得老柴,口感差了。烹煮时不断揭开锅盖,菜肴就会泡沫多而香味少;熄火再烧烹,菜肴也会走油失味。道家炼丹,凡九转提炼而成,服之成仙;儒家以无过、不及为中庸之道,不偏不倚。厨师能正确掌握火候且用心掌控,那就基本上掌握了烹调规律。鱼肴上桌时,色白如玉,凝而不散,这是活鱼烹制;若鱼肉色白如粉,肉质松散,则是死鱼烹制。明明用鲜鱼烹煮,出品却使它失去鲜味,可恨之极。

色臭须知^①

目与鼻,口之邻也,亦口之媒介也。嘉肴到目、到鼻,色臭便有不同。或净若秋云,或艳如琥珀^②,其芬芳之气,亦扑鼻而来,不必齿决之^③,舌尝之,而后知其妙也。然求色不可用糖炒,求香不可用香料。一涉粉饰,便伤至味。

【注释】

①色臭:颜色与气味。

②琥珀:远古松柏树脂滴落,掩埋地下千万年,在压力和热力的作用下形成的松脂化石。色呈黄色,或褐色或红色,色泽晶莹,可用作装饰品。

③决:咬嚼。

【译文】

眼睛和鼻子,既是嘴巴的近邻,也是嘴巴的媒介。佳肴放在眼睛和鼻子前,颜色、气味的感受或有不同。有的净如秋云,有的艳如琥珀,其芬芳气味扑鼻而来，不需齿嚼，不需舌尝，便可知佳肴美妙。但是，要令菜肴颜色美艳，不可用糖炒，追求菜肴美味鲜香，不可用香料。烹调时一旦刻意粉饰，便会破坏食物的美味。

迟速须知

凡人请客，相约于三日之前，自有工夫平章百味①。若斗然客至，急需便餐，作客在外，行船落店，此何能取东海之水，救南池之焚乎？必须预备一种急就章之菜②，如炒鸡片、炒肉丝、炒虾米豆腐，及糟鱼、茶腿之类③，反能因速而见巧者，不可不知。

【注释】

①平章：商量处理。

②急就章：西汉元帝时命黄门令史游编写的一部蒙童识字课本，因篇首有"急就"二字而得名。后借喻为因应付需要而仓促完成的文章或工作。

③糟鱼：用造酒剩下的渣子，即酒糟腌制的鱼。茶腿：火腿。指腌制或熏制动物的腿，一般用猪后腿制作。

【译文】

凡人请客，往往在三天前约好，自然有时间考虑准备各式各样的菜式。假如客人突然驾到，急需准备便饭，或者客游在外，乘船住店，类似的情况，岂能取东海之水，救南边之远火？必须预先准备一种应急菜式，如炒鸡片、炒肉丝、炒虾米豆腐以及糟鱼、火腿之类，这些能够在短时间制作的精巧菜肴，为厨者不可不知。

变换须知

一物有一物之味，不可混而同之。犹如圣人设教①，因才乐育,不拘一律。所谓君子成人之美也。今见俗厨,动以鸡、鸭、猪、鹅②,一汤同滚,遂令千手雷同,味同嚼蜡。吾恐鸡、猪、鹅、鸭有灵,必到枉死城中告状矣③。善治菜者,须多设锅、灶、盂、钵之类④,使一物各献一性,一碗各成一味。嗜者舌本应接不暇,自觉心花顿开。

【注释】

①设教:施教,执教。

②鹅:我国传统家禽,草食性动物。鹅肉营养丰富,易被人体消化吸收,鹅肝也是著名的高级美味食品。

③枉死城:根据我国古代神话传说及地狱奇书《玉历宝纱》的描述,枉死城是地藏王菩萨为因无妄之灾而死的鬼魂在地狱中建造的城市。那些冤屈而死的人,死后都集中在枉死城。

④盂:盛汤浆或饭食的圆口器皿。钵(bō):盛器。形似盆而小,用来盛饭、菜、茶水等。

【译文】

每一样食物都有自己独特的本味,不可混杂同烹。如同圣人施教,总是因人而异,并不拘于一格。正所谓君子成人之美。如今总是看到那些低俗厨师,动不动就把鸡、鸭、猪、鹅一锅同烹,结果是人人所烹之菜味道相同,味同嚼蜡。我想,假如鸡、猪、鹅、鸭有灵魂的话,必然会到枉死城中告状申冤。善于烹调的厨师,必须多备锅、灶、盂、钵之类的器具,以突出各种食物的独特本味,使每道菜肴能各具特色。美食者品尝着层出不穷的美味佳肴,自然心花怒放。

器具须知

古语云:美食不如美器。斯语是也。然宣、成、嘉、万①,

窑器太贵,颇愁损伤,不如竟用御窑②,已觉雅丽。惟是宜碗者碗,宜盘者盘,宜大者大,宜小者小,参错其间,方觉生色。若板板于十碗八盘之说③,便嫌笨俗。大抵物贵者器宜大,物贱者器宜小。煎炒宜盘,汤羹宜碗,煎炒宜铁锅,煨煮宜砂罐。

【注释】

①宣、成、嘉、万:指明代宣德(1426—1435)、成化(1465—1487)、嘉靖(1522—1566)、万历(1573—1620)四朝。

②竟:从头到尾,全。御窑:清代御窑设在景德镇,其上品只有宫廷才可使用,次品在乾隆初才得以在民间买卖。这里的御窑,可能指这部分可在民间买卖的御窑次品,也可能指景德镇烧制的质量高的民窑瓷器。

③板板:固执,不知变通。

【译文】

古语说:美食不如美器。此话很对。然明代宣德、成化、嘉靖、万历年间所生产的瓷器极为昂贵,人们担心损坏,倒不如全用本朝御窑所生产的器皿,这些瓷器也十分精致清丽。只是该用碗的时候就用碗,该用盘的时候就用盘,该用大器的就用大器,该用小器的就用小器,各式食器参差陈设席上,方能体现美食的鲜明生动。如果呆板地一律以十大碗、八大盘的方式操办,则显得粗鄙俗套。一般珍贵的食物宜用大的食器,普通的食物宜用小的食具。煎炒菜肴以盘盛为好,汤羹一类宜用碗装,煎炒菜式宜用铁锅,煨煮食物宜用砂罐。

上菜须知

上菜之法,盐者宜先,淡者宜后;浓者宜先,薄者宜后;

无汤者宜先,有汤者宜后。且天下原有五味^①,不可以咸之一味概之。度客食饱,则脾困矣,须用辛辣以振动之^②;虑客酒多,则胃疲矣,须用酸甘以提醒之^③。

【注释】

①五味:指酸、甘、苦、辛、咸五种味道。饮食生活中则指各种味道或调和众味而成的美味食品。

②振动:刺激。

③提醒:提神醒酒。

【译文】

上菜的方法,味咸的菜先上,清淡的菜后上;浓味的菜先上,味薄的菜后上;无汤的菜先上,有汤的菜后上。天下之肴原有五味,不能单以一个咸味概括。估计客人吃饱了,脾脏累困,需用辛辣之味以刺激食欲;考虑到客人酒喝多了,肠胃疲惫,则用酸甜之味以提神醒酒。

时节须知

夏日长而热,宰杀太早,则肉败矣。冬日短而寒,烹饪稍迟,则物生矣。冬宜食牛羊,移之于夏,非其时也。夏宜食干腊^①,移之于冬,非其时也。辅佐之物,夏宜用芥末^②,冬宜用胡椒^③。当三伏天而得冬腌菜,贱物也,而竟成至宝矣。当秋凉时而得行鞭笋^④,亦贱物也,而视若珍羞矣^⑤。有先时而见好者,三月食鲥鱼是也^⑥。有后时而见好者,四月食芋艿是也^⑦。其他亦可类推。有过时而不可吃者,萝卜过时则心空,山笋过时则味苦,刀鲚过时则骨硬^⑧。所谓四时之序,成功者退^⑨,精华已竭,褰裳去之也^⑩。

【注释】

①干腊:在冬天(多在腊月)加工干制而成的各种肉类食品。

②芥末:一种辛辣调味品。一般分为绿芥末和黄芥末。绿芥末源
　于欧洲,用辣根(马萝卜)制造,添加色素后呈绿色,辛辣气味强
　于黄芥末。黄芥末源于中国,以芥菜种子研磨而成。呈黄色,
　微苦。

③胡椒:属多年木本藤蔓植物。果实在晒干后可用作烹调香料和
　调味料。胡椒果实与种子通过不同加工方法,可以制成黑胡椒、
　白胡椒、绿胡椒、红胡椒等。

④行鞭笋:竹笋的一种,因其形如鞭,故名。

⑤珍羞:亦作"珍馐(xiū)",泛指美好珍贵的食物。

⑥有先时而见好者,三月食鲥鱼是也:鲥鱼在长江流域的正常采捕
　时间是在阴历五六月,故三月的鲥鱼比较珍贵。

⑦有后时而见好者,四月食芋艿(nǎi)是也:芋头一般在八月到十月
　成熟采挖,江南最迟可在第二年二月采挖,所以四月的芋艿就特
　别珍贵了。芋艿,即芋头,多年生块茎植物,富含淀粉,既可作菜
　肴,也可作杂粮食用。

⑧刀鲚(jì):一种鱼类,身体侧扁,生活在海洋中,春末夏初到江河
　中产卵,俗称凤尾鱼。

⑨四时之序,成功者退:出自《战国策·秦策三》,是辩士蔡泽用万
　物盛衰有时的道理劝退秦相范雎时所讲的话。意谓春种、夏长、
　秋收、冬藏,这是自然的规律,懂得事物规律的人,也应动、静、
　屈、伸依时。四时,指春、夏、秋、冬四季。序,秩序,顺序,此犹言
　"规律"。

⑩精华已竭,褰(qiān)裳去之也:据《尚书大传》所言,此为先秦《卿
　云歌》中的一句,意谓精力、才华已竭,便当撩衣退隐。褰裳,撩
　起衣裳。褰,撩起,用手提起。

【译文】

夏季昼长而热,禽畜宰杀过早,肉类容易变质。冬季昼短而寒,烹调时间稍短,则菜肴不易熟透。冬季适宜食用牛羊肉,若改在夏天食用,则不合时宜。夏天适宜食用干腊食品,若到冬天食用,也不合时节。调味品,夏天宜用芥末,冬天宜用胡椒。冬天腌制的咸菜本是低廉食品,而在夏天食用,或成至宝。行鞭笋也是低廉食物,而在秋凉时节得而烹之,会被人视为珍贵上品。有些食物提前食用,显得更为美味,如三月食鲥鱼。有的推迟食用更好,如四月食芋艿。其他也可类推。有的则过了时节就不合食用,如萝卜过时就会空心,山笋过时则会味苦,刀鲚过时骨头变硬。所以万物生长都有四时之序,旺盛期一过,精华已尽,就失去了其自身的美味,不可以再食用了。

多寡须知

用贵物宜多,用贱物宜少^①。煎炒之物多,则火力不透,肉亦不松。故用肉不得过半斤,用鸡、鱼不得过六两^②。或问:"食之不足,如何?"曰:"俟食毕后另炒可也^③。"以多为贵者,白煮肉,非二十斤以外,则淡而无味。粥亦然,非斗米则汁浆不厚。且须扣水^④,水多物少,则味亦薄矣。

【注释】

①用贵物宜多,用贱物宜少:贵重食料量宜多,廉价食料量宜少。贵物、贱物,指一菜之中的贵重食料与廉价食料。

②六两:古代十六两为一市斤,六两相当于现在的 0.375 市斤。

③俟(sì):等待。

④扣:按一定数量,不超过限额。

【译文】

一菜之中，贵重食料用量要多，廉价食料用量应少。煎炒的菜式，物料过多，火力不济，肉也难以酥松。因此，一盘菜式，若用肉不得超过半斤，若鸡、鱼，用量则不得超过六两。或许有人会问："不够吃怎么办？"回答是："等吃完后，另行烹制就是了。"有的菜肴，食物原料要多才能烹出美味佳肴，如白煮肉，没有二十斤以上，就会淡而无味。煮粥也是一样，如果米不到一斗，粥浆就难能厚稠。而且用水也要控制，如果水多米少，粥就会味道淡薄。

洁净须知

切葱之刀，不可以切笋；捣椒之臼①，不可以捣粉。闻菜有抹布气者，由其布之不洁也；闻菜有砧板气者，由其板之不净也。"工欲善其事，必先利其器。"②良厨先多磨刀，多换布，多刮板，多洗手，然后治菜。至于口吸之烟灰，头上之汗汁，灶上之蝇蚁，锅上之烟煤，一玷入菜中③，虽绝好烹庖，如西子蒙不洁，人皆掩鼻而过之矣。

【注释】

①臼(jiù)：舂米之器，用石头或木制成。

②工欲善其事，必先利其器：语出《论语·卫灵公》，意谓工匠想做好他的工作，必须首先准备好自己的工具。

③玷(diàn)：玷污，弄脏。

【译文】

切葱之刀，不可用以切笋；捣椒的臼，不可用以捣粉。闻到菜肴中有抹布味，是由于抹布不干净；闻到菜肴中有砧板味，也是由于砧板不干净。"工匠要想做好自己的工作，必须首先准备好自己的工具。"一个优秀的厨师，应多磨厨刀，勤换抹布，多刮砧板，勤洗手，然后再烹调菜肴。至于吸烟的烟灰，头上的汗水，灶上的苍蝇蚂蚁，锅上的烟煤，一旦玷污了菜肴，即使是经过精心制作的佳品，也如同西施沾上了污秽，人人都会掩鼻而过。

用纤须知

俗名豆粉为纤者①，即拉船用纤也，须顾名思义。因治肉者要作团而不能合，要作羹而不能腻，故用粉以牵合之。煎炒之时，虑肉贴锅，必至焦老，故用粉以护持之。此纤义也。能解此义用纤，纤必恰当，否则乱用可笑，但觉一片糊涂。《汉制考》齐呼曲麸为媒②，媒即纤矣。

【注释】

①豆粉：以黄豆制作的淀粉，在烹饪中作勾芡之用。纤：即芡，指芡粉。芡粉有绿豆淀粉、麦类淀粉、马铃薯淀粉、玉米淀粉等。淀粉并不溶于水，加热到一定程度，糊化成胶体溶液，使食肴间接受热，保护食物营养成分，并改善口感。

②《汉制考》：宋王应麟著，四卷，考究《汉书》《续汉书》诸志所载汉代制度，仅举大端而细目简略，为随手抄录未成之书。曲麸：即麸曲，以麸皮为原料经人工控制温度与湿度培育而成的纯种霉菌菌种，主要起糖化作用。可与酵母菌混合进行酒精发酵。

【译文】

通常把豆粉称为纤，意为拉船要用纤，需要顾名思义。因为肉圆制作不易黏合，汤羹制作不易黏稠，所以都要用豆粉混合牵合。煎炒肉类，担心肉贴锅底，容易焦老，因此用豆粉裹肉来隔护。这就是豆粉的用处所在。能理解豆粉作用的厨师，用粉必将恰到好处，否则乱用豆粉,只能让人觉得菜肴一塌糊涂,十分可笑。《汉制考》上把曲麸称为媒,媒即纤,都是间接之意。

选用须知

选用之法,小炒肉用后臀^①,做肉圆用前夹心^②,煨肉用硬短勒^③。炒鱼片用青鱼、季鱼^④,做鱼松用鲩鱼、鲤鱼^⑤。蒸鸡用雏鸡,煨鸡用骟鸡,取鸡汁用老鸡;鸡用雌才嫩,鸭用雄才肥;莼菜用头^⑥,芹韭用根。皆一定之理。余可类推。

【注释】

①后臀:猪后腿紧靠坐臀的部位。

②夹心:猪肉部位,位于猪肩颈肉的下部,铲子骨上部,连有五根肋骨。此部位的肉质老、筋多,吸收水分较大。适于做肉圆或制馅。

③硬短勒:指猪肋条下的板状肉,又称为五花肉。

④青鱼:鲤科青鱼属鱼类,体型较大,主要分布于长江以南地区,也可于池塘人工养殖。其肉厚多脂,味道鲜美,是中国淡水四大家鱼中肉质最好、营养价值最高的鱼品。季鱼:即鳜(guì)鱼。其肉质细嫩,刺少肉多,是中国"四大淡水名鱼"之一。

⑤鲩(hùn)鱼:一种草鱼。鲤鱼:亚洲原产温带淡水鱼,养殖历史悠久,在中国很早就当为食用鱼与观赏鱼。经过人工培育,品种繁多,体态颜色各异。食用鲤鱼营养价值颇高,味道鲜美,烹调方法多样,也具有一定的药用价值。

⑥莼(chún)菜:多年生水草,叶子椭圆形,浮在水面,嫩叶可做汤菜。

【译文】

选用食料的方法,小炒肉用后腿紧靠坐臀的肉,制作肉圆需用前夹心肉,煨肉则用肋骨条下的五花肉。炒鱼片用青鱼、季鱼,做鱼松用鲜鱼、鲤鱼。蒸鸡用雏鸡,煨鸡用阉鸡,提取鸡汁用老母鸡;鸡用雌的鲜嫩,鸭用雄的肥壮;莼菜用它的头端嫩叶,芹菜、韭菜用它的根茎。这些都是一些基本的食料选用方法。其他食料的选用也可依此类推。

疑似须知

味要浓厚,不可油腻;味要清鲜,不可淡薄。此疑似之间,差之毫厘,失以千里。浓厚者,取精多而糟粕去之谓也。若徒贪肥腻,不如专食猪油矣。清鲜者,真味出而俗尘无之谓也。若徒贪淡薄,则不如饮水矣。

【译文】

菜肴味道要浓厚,但不可油腻;或者味道要清鲜,但不可淡薄。浓厚与油腻,清鲜与淡薄很是类似,稍有偏差,烹调效果差之千里。所谓味道浓厚,是指取精华而去糟粕。如果光是贪图肥腻厚重,倒不如专食猪油。味道清鲜,是指突出食物本味而不沾杂味。如果光是贪图淡薄寡味,倒不如喝清水。

补救须知

名手调羹,咸淡合宜,老嫩如式①,原无需补救。不得已为中人说法②,则调味者,宁淡毋咸,淡可加盐以救之,咸则不能使之再淡矣。烹鱼者,宁嫩毋老,嫩可加火候以补之,老则不能强之再嫩矣。此中消息③,于一切下作料时,静观火色,便可参详④。

【注释】

①式：常规。

②中人：指一般人，普通人。

③消息：机关上的枢纽，意为关键。

④参详：参酌详审，意为了解、明白。

【译文】

　　名厨高手烹制菜肴，咸淡合适，老嫩适中，原不需做什么补救。但不得不为一般人谈谈食肴补救的办法，即调味时，宁淡毋咸，淡可加盐以补救，咸则无法使之变淡。烹制鱼品，宁嫩勿老，嫩了可加火补救，老了则无法使之再变嫩。其中关键，应在做菜下料时，认真观察火候，便可明白其中的道理。

本份须知

　　满洲菜多烧煮①，汉人菜多羹汤，童而习之，故擅长也。汉请满人，满请汉人，各用所长之菜，转觉入口新鲜，不失邯郸故步②。今人忘其本分，而要格外讨好。汉请满人用满菜，满请汉人用汉菜，反致依样葫芦，有名无实，画虎不成反类犬矣。秀才下场③，专作自己文字，务极其工④，自有遇合⑤。若逢一宗师而摹仿之，逢一主考而摹仿之，则掇皮无真⑥，终身不中矣。

【注释】

①满洲菜：满族人的菜式。满族是我国少数民族之一，主要分布于东北与华北地区。

②邯郸故步：典出邯郸学步。据《庄子·秋水篇》载，燕国有人到赵国，见赵国人走路姿势很美，便跟着学习，结果不但未学好，反而

连原来自己走路的方法也忘记了，只好爬着回国。比喻模仿别人不成，反丧失了自己原有的本领。这里是反用"邯郸学步"的典故，指自己原有的本色、技能。邯郸，战国时赵国首都。

③下场：考场应试。

④工：工整，指做好文章。

⑤遇合：彼此投合，指赏识。

⑥掇（duó）皮无真：指并没有真本事。掇皮，拾取皮毛。掇，拾取。

【译文】

满洲菜多烧煮，汉人菜则多汤羹，他们自幼就是这么学习，所以各有擅长。汉人宴请满人，满人宴请汉人，各以擅长之菜宴请，反而让人觉得可口新鲜，不失自我特色。现在的人都忘记自我本分，刻意讨好来客。汉人请满人做满菜，满人请汉人做汉菜，结果反成依葫芦画瓢，有名无实，画虎不成反类犬。秀才入考场，专心用自己的语言写法做文章，务求优秀出众，自然会有受到赏识的机会。如果遇到某一宗师就模仿宗师的文章，遇到某一考官就模仿考官的文章，也只能拾取皮毛，并没有真本事，终生不会考中。

戒单

　　《戒单》实际也可作为全书的总纲之一,讲述饮食烹饪的基本原则。与《须知单》上面阐述作为正面理论不同,《戒单》主要从反面的角度,强调饮食烹饪中必须注意的相关事项,以除掉饮食烹饪中的弊端,提高饮食烹饪的制作水平与质量,从中领悟饮食烹饪的道理和原则。

　　第一,饮食烹饪制作习惯与程序。

　　袁氏本篇,主要对饮食烹饪中不良习惯提出批评,以拨乱反正,培育良好的饮食烹饪习惯,形成良好的制作程序。

　　如"戒外加油",袁氏批评了烹饪中为求食物看上去油润丰腴而滥加油的制作方法。又"戒穿凿",袁氏认为各种食物都有自身的食用特性,要求厨师具备认识物之本性的能力,遵循物之本性的自然之道。不同的食物原料或适用于热食,或适用于冷食,或适用于煎炒而食,或适用于蒸煮而食。所以在烹饪制作中,应根据食物特性采取恰当的烹调方式与食用方式,提高食物的最佳食用价值。"穿凿"之举,牵强附会,标新立异,违反了饮食规律。所以必须戒"暴殄",反对"不恤人工""不惜物力"。厨师应了解食物价值,再决定弃取,物尽其用,尽显其味,尽显其美。又"戒混浊"中,强调饮食烹饪工艺制作的总体要求。在饮食烹饪过程中,对于食物原料的加工配料,食物烹调的水色火候,菜肴味道的甘酸苦辣,都必须仔细考虑,认真制作,方能真正烹制出美食佳肴。

第二,厨师职业道德。

厨师职业道德包括厨师修养以及工作态度等,关系到饮食烹饪制作水平以及质量,袁氏对此也提出要求。

厨师工作态度必须认真,"凡事不宜苟且,而于饮食尤甚"。苟且的厨师,即使有山珍海味,也难以制作出美味佳肴,所以必须加强厨师对烹调工作重要性的认识,工作态度要认真细致。厨师必须认真钻研厨艺,掌握烹饪之法,提高自己的烹调水平。厨师除了提高饮食烹饪技艺的自我修养外,还应虚心听取饮食者意见,教学相长,推动饮食文化发展。

第三,饮食道德文明。

袁氏还从饮食者的角度,批评饮食观念中的误区与饮食活动中的不良现象,提倡正确的饮食观念与良好的饮食品行。

如"戒耳餐"与"戒目食"中,袁氏提出饮食者要真正懂得品尝欣赏饮食,对社会生活中存在的不良时尚提出了批评。饮食者在品尝美食之时,如果刻意追求食物名声,过分讲求饮食排场,奢侈浪费,而忽略了"适口者珍"的道理,这就失去了饮食文化的价值与真谛。所谓"耳餐",指"食贵物之名,夸敬客之意,是以耳餐,非口餐也",并不考究美食品赏,贪图虚名,以满足饮食者的虚名之心。所谓"目食"者,指贪图食物数量多,多盘叠碗,并不讲求饮食质量与味觉享受。袁氏还提出"戒纵酒",反对品尝美食之时,纵酒贪杯,喧宾夺主,以免影响美食的品尝。主张饮宴以食为主,以酒为辅。饮食道德文明,还包括饮食待客之道。设宴待客,应"戒强让",主随客便,点到即止。不必过分劝食,因为客人饮食习惯与爱好各有不同,主人过分强让,会令客人饮食失据,进退两难,影响了宴客的氛围。在日常家居食宴中,应根据宴客规模、客人身份等情况,自由选择菜式,以达到气氛随和、情趣盎然之效果。

《戒单》所言,主要是在烹饪制作与饮食品尝的过程中,制作人与食客应该注意避免戒除一些陋习,培育良好的饮食文明习惯,提倡饮食务实，自便自在，精益求精。

为政者兴一利，不如除一弊，能除饮食之弊，则思过半矣[1]。作《戒单》。

【注释】

①思过半矣：语出《周易·系辞下》。原文为："知者观其《彖辞》，则思过半矣。"此指领悟了大部分饮食之道。

【译文】

当官者为民兴一利，不如除一弊，能除掉饮食中的弊端，就已经领悟了大部分的饮食之道。因此作《戒单》。

戒外加油

俗厨制菜，动熬猪油一锅，临上菜时，勺取而分浇之，以为肥腻。甚至燕窝至清之物，亦复受此玷污。而俗人不知，长吞大嚼，以为得油水入腹。故知前生是饿鬼投来。

【译文】

普通的厨师，动不动就熬好一锅猪油，临上菜时，以勺分别浇在菜肴中，认为是给菜肴增加一些肥腻之味。甚至连燕窝这样最清爽的食物，也以同样的方式制作，玷污了燕窝的本味。但一般人并不知道，狼吞虎咽，以为可以有更多的油水入腹。简直就像饿鬼投胎。

戒同锅熟

同锅熟之弊，已载前"变换须知"一条中。

【译文】

同锅共煮之弊，已载前述"变换须知"的条目中。

戒耳餐

何为耳餐？耳餐者，务名之谓也。食贵物之名，夸敬客之意，是以耳餐，非口餐也。不知豆腐得味，远胜燕窝；海菜不佳，不如蔬笋。余尝谓鸡、猪、鱼、鸭，豪杰之士也，各有本味，自成一家，海参、燕窝，庸陋之人也，全无性情，寄人篱下。尝见某太守燕客①，大碗如缸，白煮燕窝四两，<u>丝毫无味</u>，人争夸之。余笑曰："我辈来吃燕窝，非来贩燕窝也。"可贩不可吃，虽多奚为②？若徒夸体面，不如碗中竟放明珠百粒，则价值万金矣，其如吃不得何？

【注释】

①太守：官名。秦置郡守，汉景帝时改名太守，为一郡最高行政长官。隋初以州刺史为郡长官。宋以后改郡为府或州，太守已非正式官名，只用作知府、知州的别称。明清时专指知府。燕客：宴请宾客。

②奚为：即何为，做什么之意。奚，何。

【译文】

什么是耳餐？耳餐就是片面追求食肴的名声。贪图食物名贵，浮夸不实地表示敬客之意，这是用耳朵吃，不是用口品尝。须知豆腐烹调得法，味道远胜燕窝；海鲜烹调失当，不如新鲜蔬笋。我曾称鸡、猪、鱼、鸭为菜中豪杰，各有本味，自成特色，独立成肴，而海参、燕窝等，好比见识浅薄之人，毫无个性，只能通过其他食物调配方能成味。我曾看到某太守宴客，碗大如缸，盛满四两白煮燕窝，吃之无味，客人争相夸赞。我笑着说:"我们一行来此是吃燕窝,并非贩卖燕窝。"燕窝数量多似贩卖,而不可口,虽多又有何用?如果只是为了虚夸体面,倒不如在碗中放入明珠百粒,其价值万金,管它能吃不能吃?

戒目食

何为目食?目食者,贪多之谓也。今人慕"食前方丈"之名①,多盘叠碗,是以目食,非口食也。不知名手写字,多则必有败笔;名人作诗,烦则必有累句。极名厨之心力,一日之中,所作好菜不过四五味耳,尚难拿准,况拉杂横陈乎?就使帮助多人,亦各有意见,全无纪律,愈多愈坏。余尝过一商家,上菜三撤席,点心十六道②,共算食品将至四十余种。主人自觉欣欣得意,而我散席还家,仍煮粥充饥,可想见其席之丰而不洁矣。南朝孔琳之曰③:"今人好用多品,适口之外,皆为悦目之资。"余以为肴馔横陈④,熏蒸腥秽,目亦无可悦也。

【注释】

①食前方丈:吃饭时面前一丈见方的地方都摆满了食物,极言其奢华。

②点心:指糕点、粉面一类的食品,既可作餐前小食,也可作主食。

③孔琳之(369—423):字彦琳。会稽山阴(今浙江绍兴)人。官至御史中丞、祠部尚书。好文义,解音律,能弹棋,妙善草隶。有文集十卷,已佚。

④肴馔(zhuàn)横陈:形容宴席上丰盛的菜饭。肴,鱼、肉等荤菜。馔,食物,菜肴。

【译文】

什么是目食？目食，就是所谓贪多。如今有些人仰慕那些豪奢美食之名，菜肴满桌，碗盘重叠，这是用眼食之，并非以口食之。他们这些人不知道，名家写字，写多了必有败笔；名人作诗，做多了必有病句。名厨即使竭尽心力，一日之中，所烹佳肴也只能是四五味而已，这已经很不容易了，何况要应付那些乱七八糟的酒席？即使多人帮厨，亦各怀己见，全无规则，越多越坏事。我曾到一商人家中赴宴，上菜换席三次，点心十六道，各种食肴总算起来有四十余种。主人沾沾自喜，洋洋得意，而我席散回家，还要煮粥充饥，可见酒席丰盛，品位不高。南朝孔琳之曾指出："现在的人贪求菜肴多样，除了一些可口外，大多数是用来饱眼福的点缀品。"我认为食肴杂乱无章，气味浑浊，看了也没有美感。

戒穿凿①

物有本性，不可穿凿为之。自成小巧，即如燕窝佳矣，何必捶以为团？海参可矣，何必熬之为酱？西瓜被切，略迟不鲜，竟有制以为糕者。苹果太熟，上口不脆，竟有蒸之以为脯者②。他如《尊生八笺》之秋藤饼③，李笠翁之玉兰糕④，都是矫揉造作，以杞柳为栝楼⑤，全失大方。譬如庸德庸行，做到家便是圣人，何必索隐行怪乎⑥？

【注释】

①穿凿：非常牵强地解释。

②脯(fǔ)：蜜渍干果或干肉。

③《尊生八笺》：也作"《遵生八笺》"。明代高濂著。全书以尊生为主旨，分为《清修妙论笺》《四时调摄笺》等八笺。是一部内容广博又切实用的养生专著，也是我国古代养生学的主要文献之一。

秋藤饼:用藤花做的饼。《遵生八笺·饮馔服食笺》中有载:"采花洗净,盐汤洒拌匀,入甑蒸熟,晒干,可作食馅子,美甚。"

④李笠翁:即李渔。笠翁为其号。玉兰糕:上海地区以糯米制成的包馅传统糕点,有红豆、芝麻等口味。

⑤以杞(qǐ)柳为桮棬(bēi quān):语出《孟子·告子上》。原文为:"告子曰:'性,犹杞柳也;义,犹桮棬也。以人性为仁义,犹以杞柳为桮棬。'"其意谓,杞柳变成桮棬,是有外力作用。人能够仁义,也须凭外力,与人性无关。对告子的话,孟子进行了反驳,他反问告子是顺应杞柳的本性来制作杯盘,还是通过残害杞柳的本性来制作杯盘?袁枚引用此典是说在饮食中牵强行事,使对象物失去了它原来的形性。杞柳,木名。枝条韧,可编制箱筐等器物。桮棬,用曲木制成的杯盘。桮,同"杯"。

⑥索隐:寻求食物隐僻之理。行怪:行为稀奇古怪。

【译文】

凡食物都有自我本性,不可牵强行事。顺其自然,即为巧作,比如燕窝,本为佳品,何必捶成一团?海参本身就很好,何必要熬成酱?西瓜切开后,时间稍长即不新鲜,竟然还有人把它制成糕。苹果太熟,食之不脆,竟然还有人把它蒸制成果脯。其他像《尊生八笺》的秋藤饼,李笠翁的玉兰糕,都是矫揉造作之品,正如把杞柳之条扭曲制成杯盘一样,失去其原来自然大方的本性。又如一般日常的道德行为,能真正做好便可成为圣人,又何必去做一些隐秘古怪的事情?

戒停顿

物味取鲜,全在起锅时极锋而试①;略为停顿,便如霉过衣裳,虽锦绣绮罗,亦晦闷而旧气可憎矣②。尝见性急主人,每摆菜必一齐搬出,于是厨人将一席之菜,都放蒸笼中,候主人催取，通行齐上。此中尚得有佳味哉？在善烹饪者，一盘一碗，费尽心思；在吃者，卤莽暴戾，囫囵吞下③，真所谓得哀家梨，仍复蒸食者矣④。余到粤东，食杨兰坡明府鳝羹而美⑤，访其故，曰："不过现杀现烹，现熟现吃，不停顿而已。"他物皆可类推。

【注释】

①极锋而试：利刀试锋，意为即时、及时而用。

②晦闷：色泽暗淡。

③囫囵（hú lún）：完整，整个。

④真所谓得哀家梨，仍复蒸食者矣：语出《世说新语·轻诋》。"桓南郡每见人不快，辄嗔云：'君得哀家梨，当复不蒸食不？'"梁刘孝标注："旧语，秣陵有哀仲家梨甚美，大如升，入口消释。言愚人不别味，得好梨，蒸食之也。"哀梨蒸食，讽刺愚人不知好歹，浪费糟蹋佳品。袁氏引用此典，意在说明美食应该掌握如何品味。后也有以"如食哀家梨"比喻说话或文章流畅爽利。

⑤杨兰坡：即杨国霖，字兰坡。曾任广东高要（今广东肇庆）知县，与袁枚同时期且有交往。袁枚曾有《与杨兰坡明府书》。明府：汉魏以来对郡守牧尹的尊称。郡所居曰府，明为贤明之意。唐以后多用以专称县令。

【译文】

食肴的美味，要在刚起锅时及时品尝；稍加停顿迟缓，鲜香尽减，就像霉变的衣服，虽锦绣绫罗，也色泽灰暗，霉味可憎。我曾见过性急的主人，每次宴客，总是把菜肴一起摆上席，于是厨师只好把一席之菜，全放在蒸笼之中，候主人催取，然后把所有菜肴同时摆上。这样的上菜之法，还能有何美味可言？高明的厨师，对于每一道菜，都是费尽心思去烹饪；而那些所谓食家，横暴粗鲁，囫囵吞下，真好像是得到哀家梨不生吃品其酥美，却要蒸熟而食。我在广东东部，曾到杨兰坡明府府上品尝到鳝鱼羹非常美味，问其原因，他说："只不过是即杀即烹，即熟即吃，不停顿而已。"其他食物也可依此类推。

戒暴殄①

暴者不恤人功，殄者不惜物力。鸡、鱼、鹅、鸭，自首至尾，俱有味存，不必少取多弃也。尝见烹甲鱼者，专取其裙而不知味在肉中②；蒸鲥鱼者，专取其肚而不知鲜在背上。至贱莫如腌蛋，其佳处虽在黄不在白，然全去其白而专取其黄，则食者亦觉索然矣。且予为此言，并非俗人惜福之谓。假设暴殄而有益于饮食，犹之可也。暴殄而反累于饮食，又何苦为之？至于烈炭以炙活鹅之掌，劃刀以取生鸡之肝③，皆君子所不为也。何也？物为人用，使之死可也，使之求死不得不可也。

【注释】

①暴殄(tiǎn)：任意糟蹋残害。

②裙：甲鱼介壳周围的肉质软边。

③劃(tuán)：割。

【译文】

暴虐者不会体恤人力的消耗，糟蹋者不会珍惜物料的耗费。鸡、鱼、鹅、鸭，从头到尾，都自有其味，不应取用少而丢弃多。我曾见有人烹制甲鱼，专取它甲壳外的肉质软边，而不知真味在于甲鱼肉中；也有品尝蒸鲥鱼，专吃鱼腹而不知其鲜在鱼背。最平常便宜的莫过于腌蛋，它最好的味道在于蛋黄，而不在蛋白，但是把蛋白全部去掉光吃蛋黄，吃之也觉得索然无味。我这样说，并非如一般人认为的是为了珍惜积福。假如暴珍有利于饮食品尝，那倒还说得过去。如果浪费物料而影响菜肴美味，那又何必如此呢？至于用炭火烤炙活鹅掌，用刀割取活鸡之肝，这些都不是君子所为。为什么呢？家畜动物为人所食，宰杀也是必需的，但令牲畜求死不得，则是极不可取的。

戒纵酒

　　事之是非，惟醒人能知之；味之美恶，亦惟醒人能知之。伊尹曰①："味之精微，口不能言也。"口且不能言，岂有呼呶酗酒之人②，能知味者乎？往往见拇战之徒③，啖佳菜如啖木屑④，心不存焉。所谓惟酒是务，焉知其余，而治味之道扫地矣⑤。万不得已，先于正席尝菜之味，后于撤席逞酒之能，庶乎其两可也⑥。

【注释】

①伊尹：商初大臣。名伊，尹是官名。一说名挚。传为家奴出身，原为有莘氏的陪嫁之臣。受汤赏识，任以国政，佐汤灭夏，建立商朝。伊尹精通烹饪之术，由烹饪而通治国之道。被称为中华厨祖。

②呼呶（náo）：大声喧闹。呶，喧闹声。

③拇战：猜拳。

④啖：吃。

⑤治味：指烹调。

⑥庶乎：差不多。

【译文】

事情的是与非，只有头脑清醒的人能分辨；食味的好坏，也只有头脑清醒的人才能判断。伊尹曾说："滋味的精妙之处，难以完全用语言表达。"一般人尚且难以用语言表达，那些大叫大嚷的醉酒之徒，又怎能品尝出食肴的美味？经常见到那些酒徒，猜拳酗酒，吃佳肴如嚼木屑，心不在焉。他们一心向酒，其余的事一概不知，美味佳肴也无心品尝。如果非饮酒不可，应该先于正席品尝佳肴，吃完撤席后再喝酒逞能，这样或者可以两相兼顾。

戒火锅①

　　冬日宴客，惯用火锅，对客喧腾，已属可厌。且各菜之味，有一定火候，宜文宜武，宜撤宜添，瞬息难差。今一例以火逼之，其味尚可问哉？近人用烧酒代炭，以为得计，而不知物经多滚，总能变味。或问："菜冷奈何？"曰："以起锅滚热之菜，不使客登时食尽，而尚能留之以至于冷，则其味之恶劣可知矣。"

【注释】

①火锅：中国独特的美食方式，历史悠久，多在冬令时节流行。袁氏火锅之戒，见仁见智。古代火锅不讲求火候，各种食物原料都以统一的火候焯熟吃之，这在一定程度上影响食物美味。现代人食用火锅，火候大小可以自行调节，而且也可根据各人不同的口味需要，配置各样调味品，在冬天可以起到很好的御寒作用。所以现代饮食生活中，火锅亦深受大众欢迎。

【译文】

　　冬天设宴请客，习惯上多用火锅，而火锅席中，待客之声，喧腾热闹，令人生厌。而且各种菜品烹调各有火候，有的需要慢火，有的需要旺火，应撤火时撤火，应添火时添火，不能有丝毫差错。现在一概以火锅煮之，还有什么美味可言？近人有用烧酒代替木炭，以为是个好办法,却不知食物经过多次沸煮,总要变味。有人可能会问:"菜冷了,怎么办?"我说:"即时起锅的滚热的菜,没有让客人马上吃完,还能留它到冷,那么这菜味道之差,可想而知。"

戒强让

治具宴客①,礼也。然一肴既上,理宜凭客举箸,精肥整碎,各有所好,听从客便,方是道理,何必强勉让之? 常见主人以箸夹取②,堆置客前,污盘没碗,令人生厌。须知客非无手无目之人,又非儿童、新妇,怕羞忍饿,何必以村妪小家子之见解待之③? 其慢客也至矣! 近日倡家④,尤多此种恶习,以箸取菜,硬入人口,有类强奸,殊为可恶。长安有甚好请客而菜不佳者。一客问曰:"我与君算相好乎?"主人曰:"相好!"客跽而请曰⑤:"果然相好,我有所求,必允许而后起。"主人惊问:"何求?"曰:"此后君家宴客,求免见招。"合坐为之大笑。

【注释】

①治具:设宴。

②箸:筷子。

③妪(yù):指年老妇人,也泛指女人。

④倡家:古称歌舞艺人,或指歌伎。

⑤跽(jì):古人席地而坐,以两膝着地。股不着脚跟为跪,跪而耸身直腰为跽。这里径指跪。

【译文】

设宴待客,是一种礼节。因而一菜上席理应请客人举箸自行选择,瘦肥整碎,各有所好,主随客便,方是待客之道,何必强劝客人? 常见主人用筷子夹取食物，堆放在客人面前，弄得盘污碗满，令人生厌。须知客人并不是无手盲目之人，也不是儿童、新媳妇因害羞而忍饥挨饿，何必以乡村老妇之见待客？这是极度怠慢客人之行为！近来歌伎中这种恶习尤盛，夹着菜硬塞入客人口中，好比强奸，最为可恶。长安有位非常好客的人，而其菜品不佳。有一客人问："我与您也算是好朋友吧？"主人道："当然是好朋友。"客人跪着说："如果真是好朋友的话，我有一个请求，您答应后我才起来。"主人惊问："有何请求？"客人回答："以后您家请客，千万不要再邀请我了。"满席人为之大笑。

戒走油[①]

凡鱼、肉、鸡、鸭，虽极肥之物，总要使其油在肉中，不落汤中，其味方存而不散。若肉中之油，半落汤中，则汤中之味，反在肉外矣。推原其病有三[②]：一误于火太猛，滚急水干，重番加水；一误于火势忽停，既断复续；一病在于太要相度[③]，屡起锅盖，则油必走。

【注释】

①走油：这里的油指肉质中所含的脂肪美味，走油或指肉中脂肪美味流失。

②推原：指考究。

③太要：急于。相度：观察估计。

【译文】

凡鱼、肉、鸡、鸭，虽然都是肥美的食物，但必须使它们富含的油脂美味留在肉里，不让其溢于汤中，这样才能保持它们自身的美味而不散失。若是肉中的油脂美味，一半融解于汤中，那么汤的味道反而在肉之外。造成这种弊病的原因有三点：一是因火过旺，水分蒸干，重新多次加水；一是火势突然熄灭，断火再燃；一是急于观察菜肴的烧煮状况，屡揭锅盖，必令油香走失。

戒落套

唐诗最佳，而五言八韵之试帖①，名家不选，何也？以其落套故也。诗尚如此，食亦宜然。今官场之菜，名号有"十六碟""八簋""四点心"之称②，有"满汉席"之称，有"八小吃"之称，有"十大菜"之称，种种俗名，皆恶厨陋习。只可用之于新亲上门，上司入境，以此敷衍。配上椅披桌裙，插屏香案，三揖百拜方称③。若家居欢宴，文酒开筵④，安可用此恶套哉？必须盘碗参差，整散杂进，方有名贵之气象。余家寿筵婚席，动至五六桌者，传唤外厨，亦不免落套。然训练之卒，范我驰驱者⑤，其味亦终竟不同。

【注释】

①五言八韵之试帖：试帖是唐代以来科举考试中采用的一种诗体，大抵以古人诗句命题，其诗或五言或七言，或八韵或六韵，题以"赋得"两字，故亦称赋得体。

②簋（guǐ）：古代用于盛放食物的器皿，也可用作礼器。

③三揖百拜：这里指多次行礼。

④文酒：酒席上饮酒赋诗。

⑤范我驰驱：意谓按照我的规矩行事。语出《孟子·滕文公下》。原文为："（良曰）吾为之范我驰驱，终日不获一；为之诡遇，一朝而获十。《诗》云：'不失其驰，舍矢如破。'我不贯与小人乘，请辞。"这是春秋末年驾车高手王良不愿为晋国正卿赵简子宠臣驾车所讲的一番说话。范，法则，规范，也有使之合乎法理之意。

【译文】

　　唐诗最佳,而五言八韵之试帖诗,名家不会选它,为什么? 因为它太落俗套。诗尚且如此,饮食也是一样。今官场菜品,其名号有"十六碟""八簋""四点心"之称,有"满汉全席"之称,有"八小吃"之称,有"十大菜"之称,各式俗名,都是恶劣厨师的陈规陋习。只可用于新亲上门,或上司驾临时,以敷衍应付。并需配上椅披桌裙,屏风香案,多次行礼方可与之相称。假如只是家居欢宴,饮酒赋诗,哪里用得着这一套陈规陋习? 只需盘碗形制不一,菜肴整散交错,方才显出名贵气象。我家举办的寿筵婚席,动不动就有五六桌之多,从外面请厨师来掌勺,也难免落入俗套。然经过我的训练,也能按照我的规矩行事,其菜肴风味终究不同。

戒混浊

　　混浊者,并非浓厚之谓。同一汤也,望去非黑非白,如缸中搅浑之水。同一卤也,食之不清不腻,如染缸倒出之浆。此种色味令人难耐。救之之法,总在洗净本身,善加作料,伺察水火,体验酸咸,不使食者舌上有隔皮隔膜之嫌。庾子山论文云①:"索索无真气,昏昏有俗心。"②是即混浊之谓也。

【注释】

①庾子山(513—581):即庾信,字子山,南阳郡新野县(今河南新野)人。南北朝文学家,擅长宫体诗,为中国古代宫体文学的代表人物,文章绮丽,讲求对仗,处处用典。北周时期曾官至骠骑大将军。有《庾子山集》传世。

②索索无真气,昏昏有俗心:庾信《拟咏怀》中的诗句。大意为索然无味,了无生气,昏庸糊涂,俗心迷乱。索索,冷清、了无生气的

样子。昏昏,糊涂、迷乱的样子。

【译文】

混浊,并不是指浓厚之意。同为汤品,看上去不黑不白,如缸中混浊之水。同为卤品,食之不清不腻,像染缸倒出的浆水。这种颜色气味实在令人难以忍受。补救之法,在于洗净食物,善加调料,观察水色火候,品味酸咸,不让食者舌头上有隔皮隔膜的厌恶感觉。庾信在他的文章中曾说:"索索无真气,昏昏有俗心。"指的就是混浊之意。

戒苟且

凡事不宜苟且,而于饮食尤甚。厨者,皆小人下材,一日不加赏罚,则一日必生怠玩。火齐未到而姑且下咽①,则明日之菜必更加生。真味已失而含忍不言,则下次之羹必加草率。且又不止空赏空罚而已也。其佳者,必指示其所以能佳之由;其劣者,必寻求其所以致劣之故。咸淡必适其中,不可丝毫加减;久暂必得其当,不可任意登盘。厨者偷安,吃者随便,皆饮食之大弊。审问、慎思、明辨②,为学之方也;随时指点,教学相长,作师之道也。于是味何独不然也?

【注释】

①火齐:火候。

②审问、慎思、明辨:语出《中庸》。原文为:"博学之,审问之,慎思之,明辨之,笃行之。"审问,详细询问。慎思,慎重地思考。明辨,明确地辨析。

【译文】

任何事情都不应该马虎了事,对于饮食烹调更是如此。厨师,多是地位低下之人,一天不严加赏罚批评,则一天必生懒惰玩忽之念。所烹调食肴,其火候未到,将就进食,则明日所做的菜必然更加生硬不济。菜肴真味已失,仍忍耐不说,那下次烹羹汤必然更加草率。而且赏罚批评不能只是泛泛而谈。烹调得好的,应指出其烹调得法之缘由;烹调不佳者,则应寻找其烹调失准之原因。厨师烹调,咸淡必须适中,不可有丝毫增减;火候时间必须得当,不能任意上盘出菜。厨师贪图安逸,吃者随便果腹,都是饮食生活中之大弊。详细询问、慎重思考、明白辨析,是追求学问的方法;而随时加以指导,教学相互长进,也是为师之责任。对于饮食烹调,又何尝不是如此呢?

海鲜单

　　海鲜，指海产食品，利用海洋动物制作成食物原料。中国古代，随着海洋航行的发展以及造船工艺技术水平的提高，海产品的捕捞范围越来越大，海产品捕获量不断增加，海产品的消费也逐步风行，尤以沿海地区为甚。袁氏《海鲜单》主要针对当时社会崇尚食用海鲜，从而对有关海鲜的烹饪制作提出一些具体的说明。

　　首先，《海鲜单》中多以名贵海鲜食品为主，如海参、鱼翅、江瑶柱等，介绍了这些食材原料的加工制作和具体的烹饪方法。如"海参，无味之物，沙多气腥，最难讨好。然天性浓重，断不可以清汤煨也"。又如鱼翅，袁氏认为，有两点要注意，一是鱼翅本身无味，须以浓厚鲜肉鸡汤和味，才能体现鱼翅的美味；二是鱼翅质地较硬，加工烹饪时间较长，应以烹至柔腻融洽为度。从《海鲜单》中还可以看到，当时的海产品食用以鲜食为主，很少像现代海产消费，很多都会制作成干品再流入市场，如海参、鱼翅、鲍鱼等。

　　其次，《海鲜单》中也有不少海水养殖贝壳类食品的介绍。如鲍鱼、淡菜、蛎黄等，反映了当时江浙沿海地区贝壳类食品的流行。

　　不过，袁氏本单中，一些食品归类似有不妥。如把燕窝归入《海鲜单》，似为牵强。燕窝乃金丝燕和多种同属燕鸟在海边岩石间营造的巢。由所吞下的海藻及未消化的小鱼虾等混合唾液后凝结而成，经过整理选择后，形成燕窝食品，当不属海鲜类食物。可能当时燕窝作为贵重食品，主要通过海上丝绸之路从东南亚进口而来，从而把它归入同样以高档食品为主的《海鲜单》中。

　　古八珍并无海鲜之说①。今世俗尚之，不得不吾从众。作《海鲜单》。

【注释】

　　①八珍：指《周礼·天官·膳夫》中所记载的八种烹饪方法。即：淳熬、淳母、炮豚、炮牂（zāng）、捣珍、渍、熬和肝膋（liáo）。依据《礼记·内则》，淳熬是将煎炒过的肉酱加在稻米饭上，再浇上油脂做成的食物。淳母，是将煎炒过的肉酱加在黍饭上，再浇上油脂做成的食物。炮豚，是将猪腹内掏空填上枣，用苇席包裹、泥巴涂封后烧烤，然后剥去泥、席，用水调和稻米粉涂在猪肉外，再用油煎，煎后切成薄片加香料调和，放入小鼎，再将小鼎放入盛水的大鼎中，用火煨三日三夜后做成的食物。炮牂，牂指母羊。炮牂的做法与炮豚同。捣珍，取牛、羊、麋、鹿、獐的脊肉捶捣后煮熟，捞出用醋、肉酱调和而成的食物。渍，取新鲜牛肉切成薄片，用酒浸泡一天一夜，然后用肉酱、醋、梅酱调和做成的食物。熬，将牛肉捶捣后摊在苇席上，洒上香料、盐，再将肉烤干做成的食物。肝膋，取一副狗肝，蒙以狗肠间的脂肪，用火将脂肪烤焦熟而做成的食物。八珍后来也用以泛指珍贵食品。宋、元、明、清各朝八珍内容各不相同，烹饪方法及食材也有较大区别。

【译文】

　　古代八珍里并没有海鲜。现在社会大众崇尚海鲜，我也不得不顺应大众。因而作了《海鲜单》。

燕　窝

　　燕窝贵物,原不轻用。如用之,每碗必须二两,先用天泉滚水泡之[1],将银针挑去黑丝。用嫩鸡汤、好火腿汤、新蘑菇三样汤滚之[2],看燕窝变成玉色为度。此物至清,不可以油腻杂之;此物至文[3],不可以武物串之[4]。今人用肉丝、鸡丝杂之,是吃鸡丝、肉丝,非吃燕窝也。且徒务其名,往往以三钱生燕窝盖碗面,如白发数茎,使客一撩不见,空剩粗物满碗。真乞儿卖富,反露贫相。不得已则蘑菇丝、笋尖丝、鲫鱼肚、野鸡嫩片尚可用也。余到粤东,杨明府冬瓜燕窝甚佳,以柔配柔,以清入清,重用鸡汁、蘑菇汁而已。燕窝皆作玉色,不纯白也。或打作团,或敲成面,俱属穿凿。

【注释】

①天泉:天然泉水。

②火腿:由腌制或熏制的动物后腿经过盐渍、烟熏、发酵和干燥处理等工序制作而成。是中国历史悠久的传统美食,以浙江金华火腿最为著名。

③文:此处意为柔和。

④武物:质地刚硬的食料。

【译文】

　　燕窝是贵重食物,原本不轻易使用。如需使用,每碗必须用二两,先用煮沸的天然泉水泡,用银针挑去里面的黑丝。以嫩鸡汤、上好火腿汤、新蘑菇三样汤和燕窝一齐烧煮,看燕窝变成玉色就可以了。燕窝是至清爽的食物,不可与油腻的食物混杂;燕窝还是非常柔滑的食物,不可与质地较硬或带骨头的食物混配。如今有人同肉丝、鸡丝混杂同烹,这是吃鸡丝、肉丝，不是吃燕窝。也有为追求燕窝的空名，以三钱生燕窝放在一碗面上，燕窝如几根白发，食客一挑已不见踪影，只剩下一碗粗俗食物。正如乞丐卖弄富有，反而露出穷酸相。不得已时蘑菇丝、笋尖丝、鲫鱼肚、嫩野鸡片还可以凑合。我到粤东时，品尝到杨明府家的冬瓜燕窝非常好，以柔配柔，以清入清，只是多用鸡汁、蘑菇汁而已。燕窝都是玉色，并非纯白。那些把燕窝打成团，或敲成面的，都是穿凿附会的牵强做法。

海参三法

　　海参，无味之物，沙多气腥，最难讨好。然天性浓重，断不可以清汤煨也。须检小刺参，先泡去沙泥，用肉汤滚泡三次，然后以鸡、肉两汁红煨极烂。辅佐则用香蕈、木耳①，以其色黑相似也。大抵明日请客，则先一日要煨，海参才烂。尝见钱观察家②，夏日用芥末、鸡汁拌冷海参丝，甚佳。或切小碎丁，用笋丁、香蕈丁入鸡汤煨作羹。蒋侍郎家用豆腐皮、鸡腿、蘑菇煨海参③，亦佳。

【注释】

①香蕈(xùn)：即香菇。是一种生长在木材上的真菌，味道鲜美，营养丰富，素有山珍之称。木耳：也是一种生长在木材上的真菌，既可野生，也可人工培植。味道鲜美，营养丰富，可素可荤，可食可药，被誉为"菌中之王"。

②钱观察：疑指钱琦(1704—?)，字相人，一字湘莼，号玙沙，晚号耕石老人。浙江仁和(今杭州)人。历官河南道御史、江苏按察使、四川、福建布政使。与袁枚交好垂五十年。观察，清代地方官职之一，又称道员。是处于省(巡抚、总督)与府(知府)之间的地方

官,乾隆年间一律定为正四品。

③蒋侍郎:不详待考。侍郎,官名。明清时期正二品官级,与尚书
同为中央各部长官。

【译文】

海参本身是无味之物,腹中沙多而且气味腥臊,要烹制成佳肴,难
度很大。海参天性合配浓味食肴,千万不能以清淡之汤煨烹。需挑拣
小刺参,先浸泡以去掉沙泥,在肉汤中滚泡三次,然后用鸡汁、肉汁红煨
至烂熟。辅料要配以香菇、木耳等,因为它们都是黑色食物,与海参颜
色相衬。一般次日请客,需提前一日煨煮,海参才能爽弹熟润。我曾见
钱观察家中的海参烹制,夏天以芥末、鸡汁拌冷海参丝,味道很好。或
者把海参切成小碎丁,用笋丁、香菇丁同鸡汤煨煮成羹。蒋侍郎家用豆
腐皮、鸡腿、蘑菇煨煮海参,味道也佳。

鱼翅二法

鱼翅难烂,须煮两日,才能摧刚为柔。用有二法:一用
好火腿、好鸡汤,加鲜笋、冰糖钱许煨烂,此一法也;一纯用
鸡汤串细萝卜丝,拆碎鳞翅搀和其中,漂浮碗面,令食者不
能辨其为萝卜丝、为鱼翅,此又一法也。用火腿者,汤宜少;
用萝卜丝者,汤宜多。总以融洽柔腻为佳。若海参触鼻,鱼
翅跳盘①,便成笑话。吴道士家做鱼翅,不用下鳞②,单用上
半原根,亦有风味。萝卜丝须出水二次,其臭才去。尝在郭
耕礼家吃鱼翅炒菜③,妙绝! 惜未传其方法。

【注释】

①海参触鼻,鱼翅跳盘:指海参、鱼翅等海产品因未泡发至透,烹调
难以煨烂,在食用品尝时,会因为海参的僵硬,容易触及鼻尖,而

鱼翅也会硬直,在夹食时,容易滑脱盘外。

②下鳞:鱼翅下半段。

③郭耕礼:陕西泾阳人,举人。雍正七年(1729)任睢宁县丞。

【译文】

鱼翅较难烹煮至烂,必须煮两天,才有可能摧刚为柔。有两种烹调做法:用上好火腿与鸡汤,加鲜笋及冰糖一钱左右煨煮熟透,这是一种做法;用纯鸡汤加细萝卜丝,拆碎鱼翅,掺混在里面,丝丝漂浮汤中,令食者难以分辨哪些是萝卜丝,哪些是鱼翅,这又是另一种做法。用火腿的烹调法,汤应较少;而用萝卜丝的烹调法,汤应较多。总之,令翅品柔腻融洽为最佳。若海参因生硬而触及鼻尖,或鱼翅因硬直夹脱盘外,那就成了笑话。吴道士家制作鱼翅,不用鱼翅下半段,只用上半部分,也有风味。萝卜丝须出水焯两次,才能去除异味。曾在郭耕礼家吃鱼翅炒菜,食味绝妙。可惜未能学到他的烹制方法。

鳆　鱼①

鳆鱼炒薄片甚佳,杨中丞家②,削片入鸡汤豆腐中,号称"鳆鱼豆腐"③,上加陈糟油浇之④。庄太守用大块鳆鱼煨整鸭⑤,亦别有风趣。但其性坚,终不能齿决。火煨三日,才拆得碎。

【注释】

①鳆(fù)鱼:即鲍鱼,是一类海洋腹足纲软体动物,栖石质海岸,以藻类为食。鲍鱼位居现代四大海味鲍、参、翅、肚之首,种类甚多。既可新鲜食用,也可制成罐头,也可晒成干货。而古代则多为鲜品烹制成肴。

②杨中丞:即杨锡绂(1691—1768),字方来,号兰畹。江西清江(今

江西樟树)人。历任广西、湖南、山东巡抚、漕运总督、兵部尚书。著有《四知堂集》。中丞,官名。汉代为御史大夫下设属官,负责察举非法。明清时期各省巡抚也称中丞。

③豆腐:中国传统的豆制食品,为素菜食肴的主要原料。豆腐营养丰富,容易消化,素有"植物肉"之美称。可补中益气,生津止渴,也是传统补益清热的养生食品。

④糟油:中国传统食品。以酒糟为主要原料的特制调味品。

⑤庄太守:指庄经畬(1711—1765),字汇茹,号念农、研农。江苏常州人。历任建德、盱眙、宁国县知县,泗州、直隶州知州,宁国府知府。袁枚好友。著有《澹乙斋诗草》。

【译文】

鲢鱼炒薄片甚佳,杨中丞家把鲢鱼切片,放入鸡汤豆腐中一齐烹制,号称"鲢鱼豆腐",上面加上陈糟油调味。庄太守用大块鲢鱼与整鸭煨煮,也别有风味。但鲢鱼肉性坚硬,牙齿很难咬嚼。需用火煨煮三天,其肉方熟烂。

淡 菜①

淡菜煨肉加汤,颇鲜。取肉去心,酒炒亦可。

【注释】

①淡菜:指以贻贝科动物的贝肉煮熟加工成干品,称为淡菜。其营养价值很高,并有一定的药用价值。

【译文】

淡菜煨肉煮汤,味道鲜美。将淡菜去掉内脏,以酒炒亦可。

海 蝘①

海蝘,宁波小鱼也,味同虾米,以之蒸蛋甚佳。作小菜亦可。

【注释】

①海蜒(yǎn)：小鱼名。产于浙江一带沿海，味似虾米。

【译文】

海蜒，宁波地区出产的小鱼，味似虾米，用之蒸蛋很好。也可用之做小菜。

乌鱼蛋①

乌鱼蛋最鲜，最难服事②。须河水滚透，撤沙去臊，再加鸡汤、蘑菇煨烂。龚云若司马家③，制之最精。

【注释】

①乌鱼蛋：以乌贼的卵巢加工而成。其色乳白，状如卵，蛋白质含量高，味道鲜美，是一种高级海产食品。至清末，一直列为贡品。

②服事：处理，调制。

③龚云若：即龚如璋，字云若。《随园诗话》卷四记载袁枚在江宁做官时与之相识于一场救火现场，后以文相交。龚如璋后来出任山西榆次县县令时曾带兵西征。司马：官名，殷商时代始置，位次三公，与司徒、司空、司士、司寇并称五官，掌管军政军赋。汉武帝时置大司马，作为大将军加号，隋唐以后为兵部尚书别称。

【译文】

乌鱼蛋味道最为鲜美，也最难烹调。必须用河水烧滚煮透，去掉沙子和腥臊味，再加鸡汤、蘑菇煨烂。龚云若司马家中所烹此菜，最为精美。

江瑶柱①

江瑶柱出宁波，治法与蚶、蛏同②。其鲜脆在柱，故剖壳时，多弃少取。

【注释】

①江瑶柱：又称干贝，是用扇贝的闭壳肌制成的海产干品，是一种
　名贵海味珍品，含丰富的蛋白质、磷、钙等多种营养物质。可用
　作汤品、粥品及菜品。

②蚶（hān）、蛏（chēng）：都是软体动物，生活在近岸的海水里，肉质
　鲜美。

【译文】

江瑶柱产自宁波，烹制方法与蚶子、蛏子一样。其鲜脆的地方在肉
柱部分，因此，剖壳剥离肉柱时，多弃少取。

蛎　黄^①

蛎黄生石子上，壳与石子胶粘不分。剥肉作羹，与蚶、
蛤相似。一名鬼眼。乐清、奉化两县土产^②，别地所无。

【注释】

①蛎黄：牡蛎肉，属于海产双壳类软体动物，有天然生长与人工养
　殖两种。也可干制成蚝，或称蚝豉。

②乐清：五代梁开平二年（908）吴越改乐成县置，属温州。治所即
　今浙江乐清。明、清属温州府。奉化：唐开元二十六年（738）析
　鄞县置，属明州。治所即今浙江奉化。明、清属宁波府。

【译文】

牡蛎生长在石头上，它的壳与石子胶粘难分。剥壳取肉作羹，与
蚶、蛤相似。又称为鬼眼。是浙江乐清、奉化两县的土特产品，别的地
方没有。

江鲜单

　　江鲜，一般指江河淡水水产品。但袁氏《江鲜单》中也对黄鱼一类的海产品进行介绍解读，似有名不尽实之感。袁氏本篇，内容虽然不多，但反映了袁氏对鱼类烹调制作所具有的经验与心得，也体现了长江中下游优质鱼类资源的重要地方特色。

　　如刀鱼、鲥鱼，是长江中下游盛产的著名鱼类品种，肉质鲜嫩，味道鲜美。袁氏也根据鱼品的食用特质，提出制作烹调之法。"刀鱼二法"中，针对刀鱼形状长而薄，而鱼刺颇多，细骨遍布，着重介绍了刀鱼鱼刺处理方法，切实可行。又如鲥鱼的制作，袁氏认为不能切块及去背骨，加上鸡汤煮，会影响鲥鱼真味品尝。因为鲥鱼脂肪含量较高，切块煮汤，脂肪较易溶解流失，自然影响鲥鱼美味。另外，不同鱼类要注意适用的烹调方法，如黄鱼，乃浓重厚味食物，不可以清淡方法烹调。

　　烹调鱼类食品，重在除腥。所以本单中各种鱼类烹调中，姜、酒及其他香料调味品的应用，也颇为突出。

　　郭璞《江赋》鱼族甚繁[1]。今择其常有者治之。作《江鲜单》。

【注释】

①郭璞(276—324)：字景纯。河东闻喜县(今山西闻喜)人。好经

术,擅辞赋,博学多才。好古文奇字,通占筮、地理之术,时人咸
重之。官著作佐郎。所作《游仙诗》《江赋》《南郊赋》,皆有名于
时。又有《尔雅注》《尔雅音义》《尔雅图谱》及《方言》《穆天子传》
《山海经》《楚辞》等注传于世。在《江赋》中,郭璞以诗赋的语言,
生动地描述了长江水域各种鱼类、介壳类、蟹类及爬行类水生与
两栖动物的形态与生活习性。

【译文】

东晋郭璞所著《江赋》中描述了很多鱼类的品种。这里选择常见的
鱼类汇集于此。作《江鲜单》。

刀鱼二法①

刀鱼用蜜酒酿、清酱②,放盘中,如鲥鱼法,蒸之最佳,不
必加水。如嫌刺多,则将极快刀刮取鱼片,用钳抽去其刺。
用火腿汤、鸡汤、笋汤煨之,鲜妙绝伦。金陵人畏其多刺,竟
油炙极枯,然后煎之。谚曰:"驼背夹直,其人不活。"③此之
谓也。或用快刀,将鱼背斜切之,使碎骨尽断,再下锅煎黄,
加作料,临食时竟不知有骨。芜湖陶大太法也④。

【注释】

①刀鱼:是一种洄游鱼类,有不同的品种。平时生活在海中,每年
　2—3月份由海入江,进行繁殖洄游。被称为"长江三鲜"之一,具
　有很高的营养与食用价值。刀鱼形状狭长而薄,似刀形,鱼刺颇
　多。所以鱼刺的处理往往成为品尝刀鱼美味的关键。此处袁氏
　的"刀鱼二法",切实可行。

②蜜酒:用蜂蜜酿制的酒,或为甜酒。

③驼背夹直,其人不活:把驼背人脊骨夹直,人也会被夹死,意谓适得

其反。

④陶大太:不详待考。

【译文】

刀鱼以蜜酒酿,在清酱中稍沾腌,然后放入盘中,用蒸鲥鱼之法蒸,味道最佳,不用加水。如嫌鱼刺多,则利刀削取鱼片,再用钳拔去鱼刺。用火腿汤、鸡汤、笋汤来煨煮,鲜美无比。金陵人怕其多刺,以油烘烤至枯酥,然后再煎。俗话说:"驼背夹直,其人不活。"就是这个道理。或者用利刀在鱼背上斜切,使鱼刺全部碎断,然后再下锅煎至焦黄,加上作料,吃的时候竟不知鱼中有骨。这是芜湖陶大太家的烹制法。

鲥　鱼

鲥鱼用蜜酒蒸食,如治刀鱼之法便佳。或竟用油煎,加清酱、酒酿亦佳①。万不可切成碎块,加鸡汤煮;或去其背,专取肚皮,则真味全失矣。

【注释】

①酒酿(niàng):又称酒娘,糯米加曲酿造的甜酒,又叫江米酒。

【译文】

鲥鱼用蜜酒蒸食,如烹制刀鱼之法就很好。或直接以油煎,加上清酱、酒酿,其味道也不错。千万不能切成碎块,加鸡汤煮;或去其背骨,专取鱼腹,则鲥鱼之真味全失。

鲟　鱼①

尹文端公②,自夸治鲟鳇最佳③。然煨之太熟,颇嫌重浊。惟在苏州唐氏,吃炒鳇鱼片甚佳。其法切片油炮④,加酒、秋油滚三十次,下水再滚起锅,加作料,重用瓜姜、葱花⑤。又一法，将鱼白水煮十滚，去大骨，肉切小方块，取明骨切小方块⑥；鸡汤去沫，先煨明骨八分熟，下酒、秋油，再下鱼肉，煨二分烂起锅，加葱、椒、韭，重用姜汁一大杯。

【注释】

①鲟（xún）鱼：一种较大型的洄游性鱼类。品种多样，在中国各大江河流域广泛分布，一些品种也可进行人工养殖。

②尹文端公：即尹继善（1695—1771），字元长，号望山，满洲镶黄旗人。雍正朝进士，授编修。历官内阁学士、巡抚、总督、尚书、大学士、军机处行走等。卒谥"文端"。著有《尹文端公诗集》。

③鲟鳇（huáng）：鱼名。一名鳇。产江河及近海深水中，长二三丈，无鳞。

④油炮：即油爆，以热油爆炒成菜的一种烹调方法。

⑤瓜姜：即酱黄瓜加酱姜，现上海仍有瓜姜鱼丝这道菜。

⑥明骨：鲟鳇鱼头骨，色白质软，味美。

【译文】

尹文端公自夸最擅长烹制鲟鱼。但煨之过熟，味道有点浓浊。只有在苏州唐家，所吃炒鳇鱼片甚好。其方法是：把鱼切片油爆，加酒、秋油烧滚三十次，下水再烧开起锅，加作料，多放瓜姜、葱花等。还有一种方法：将鱼用白水煮十滚，切去大骨，鱼肉切成小方块，取鱼头脆骨也切成小方块；把鸡汤去沫，先将脆骨煨煮八分熟，下酒及秋油，再下鱼肉，煨煮至二分烂起锅，加葱、椒、韭和一大杯姜汁即可。

黄　鱼①

黄鱼切小块，酱酒郁一个时辰②，沥干。入锅爆炒两面黄，加金华豆豉一茶杯③，甜酒一碗，秋油一小杯，同滚。候

卤干色红,加糖,加瓜姜收起,有沉浸浓郁之妙。又一法,将
黄鱼拆碎,入鸡汤作羹,微用甜酱水、纤粉收起之,亦佳。大
抵黄鱼亦系浓厚之物,不可以清治之也。

【注释】

①黄鱼:中国传统经济鱼类,有大、小黄鱼之分,又名黄花鱼。大、
　　小黄鱼和带鱼一起被称为我国三大海产,营养丰富,肉质鲜甜。
　　具有重要的食用与补益价值。

②郁:密封浸泡。

③金华:今浙江金华。清为金华府治所。

【译文】

黄鱼切成小块,以酱、酒浸腌一个时辰,滴干。然后在锅中爆煎至
两面呈黄色,加金华豆豉一茶杯,甜酒一碗,秋油一小杯,一同滚煮。待
汤卤变干发红,加糖、瓜姜收汁起锅,其肴浸润浓郁,甚妙。还有一种做
法:将黄鱼拆碎,放入鸡汤做羹,加少许甜酱水、芡粉增稠盛起,也很好。
黄鱼乃是浓重厚味食物,不可用清淡的方法烹调。

班　鱼^①

班鱼最嫩,剥皮去秽,分肝、肉二种,以鸡汤煨之,下酒
三分、水二分、秋油一分;起锅时,加姜汁一大碗、葱数茎,杀
去腥气。

【注释】

①班鱼:也称鲂鱼,形似河豚。其刺少肉多,肉味鲜美,具有滋补营
　　养价值。

【译文】

班鱼肉最嫩，剥皮去掉内脏，分为肝、肉两种，以鸡汤煨煮，加酒三分、水两分、秋油一分；起锅时，加姜汁一大碗、几根葱，可以去掉腥味。

假　蟹

煮黄鱼二条，取肉去骨，加生盐蛋四个，调碎，不拌入鱼肉；起油锅炮，下鸡汤滚，将盐蛋搅匀，加香蕈、葱、姜汁、酒，吃时酌用醋。

【译文】

煮熟黄鱼两条，去骨留肉，取生咸蛋四个，打散，不拌入鱼肉；起油锅煎爆鱼肉，然后放入鸡汤烧滚，将咸蛋搅匀入锅，加上香菇、葱、姜汁、酒等，吃时可酌量以醋调味。

卷二

特牲单

特牲，《国语·楚语下》：“大夫举以特牲，祀以少牢。”韦昭注：“特牲，豕也。”所以特牲可专指猪。猪肉是中国古代与现代最普遍最常用的肉类食品。袁氏《特牲单》主要对饮食菜式中猪肉食品的烹调制作进行较为全面详尽地介绍说明。大体上包括以下几个方面的内容。

第一，猪肉原料的处理。猪不同部位都可以制作食肴。除了猪肉本身是优质食用肉类，猪头、猪蹄、猪爪、猪肚、猪肺、猪腰等也可作为食物原料，经过适当的原料处理及调味，同样可以制作出美味佳肴。袁氏本篇对以猪为原料的食物处理提供了具体的方法，也为各种原料的充分利用指明了方向。如猪肺的处理，要清洗肺管血水，剔去包衣，敲打倒挂，抽管割膜，必须功夫细腻。

第二，《特牲单》中记录了煮、煨、灼、炒、酱、烧、腌、蒸等多种烹调制作方法。对于猪肉用料、刀工刀法，以及烹制过程中的步骤、火候与烹制时间等，都有详尽说明。如“白煨肉”，“每肉一斤，用白水煮八分好，起出去汤。用酒半斤，盐二钱半，煨一个时辰。用原汤一半加入，滚干汤腻为度，再加葱、椒、木耳、韭菜之类。火先武后文。又一法：每肉一斤，用糖一钱，酒半斤，水一斤，清酱半茶杯。先放酒，滚肉一二十次，加茴香一钱，加水闷烂，亦佳”。又“芙蓉肉”，“精肉一斤，切片，清酱拖过，风干一个时辰。用大虾肉四十个，猪油二两，切骰子大，将虾肉放在猪肉上。一只虾,一块肉,敲扁,将滚水煮熟撩起。熬菜油半斤,将肉片放在有眼铜勺内,将滚油灌熟。再秋油半酒杯,酒一杯,鸡汤一茶杯,熬滚,浇肉片上,加蒸粉、葱、椒糁上起锅"。类似菜谱式的说明,对色香味形均有具体的制作要求。显示了较高的实用性和可操作性,也反映了当时猪肉食品的烹饪制作水平。

第三,袁氏《特牲单》中对于制作烹饪火腿的介绍也有不少内容。如"火腿煨肉"与"蜜火腿"等,反映了江浙地区火腿制作食用历史悠久,食用普遍。

猪用最多,可称"广大教主"①。宜古人有特豚馈食之礼②。作《特牲单》。

【注释】

①广大教主:佛教用语。佛教徒对释迦牟尼的尊称。这里袁枚指以猪肉为原料的菜肴较多,成为各种菜色物料的首领。

②特豚(tún)馈食之礼:《仪礼·士冠礼》:"若杀,则特豚载合升。"《礼记·昏义》:"舅姑入室,妇以特豚馈,明妇顺也。"特豚,古代祭祀时用牛一头或猪一头,称为特牲。特豚或指整头猪。特,牲一头。

【译文】

猪肉在菜式中用途最广,可以称得上是各种食物原料的首领。因而古人有用整头猪作为礼物相互赠送的礼仪。作《特牲单》。

猪头二法

洗净五斤重者,用甜酒三斤;七八斤者,用甜酒五斤。先将猪头下锅同酒煮,下葱三十根、八角三钱①,煮二百余滚;下秋油一大杯、糖一两,候熟后尝咸淡,再将秋油加减;添开水要漫过猪头一寸,上压重物,大火烧一炷香;退出大火,用文火细煨,收干以腻为度。烂后即开锅盖,迟则走油。一法打木桶一个,中用铜帘隔开,将猪头洗净,加作料闷入桶中^②,用文火隔汤蒸之,猪头熟烂,而其腻垢悉从桶外流出,亦妙。

【注释】

①八角:又称八角茴香,是一种常绿植物。其果实呈八角形,气味浓郁芳香,干燥后可全果或磨粉之用,可作香料和调味品。

②闷:用同"焖",密闭而用微火把食物加热或煮熟。

【译文】

把五斤重的猪头洗净,用甜酒三斤;七八斤重的,用甜酒五斤。先将猪头下锅同酒煮,下葱三十根、八角三钱,反复煮滚二百余次;放秋油一大杯、糖一两,待熟后品尝咸淡,再根据情况添加秋油;加开水要浸没猪头一寸,上面压上重物,用大火烧约一炷香的时间;改为文火慢慢煨煮,以汁干肉腻为好。猪头煨烂后即打开锅盖,迟了则会走油。还有一种方法,用一个木桶,中间用铜帘隔开,将猪头洗净,加作料焖在桶中,用文火隔汤蒸煮,猪头熟烂后,其本身油腻的东西全从桶中流出,也很好。

猪蹄四法

蹄膀一只^①,不用爪,白水煮烂,去汤,好酒一斤,清酱酒杯半,陈皮一钱^②,红枣四五个^③,煨烂。起锅时,用葱、椒、酒泼入,去陈皮、红枣,此一法也。又一法:先用虾米煎汤代水,加酒、秋油煨之。又一法:用蹄膀一只,先煮熟,用素油灼皱其皮，再加作料红煨。有士人好先掇食其皮，号称"揭单被"。又一法：用蹄膀一个，两钵合之，加酒、加秋油，隔水蒸之，以二枝香为度④，号"神仙肉"。钱观察家制最精。

【注释】

①蹄膀：作为食品的猪腿的最上部。今作"蹄髈"。

②陈皮：即橘皮，由橘子成熟后的果皮晒干或烘干所得。橘皮放置年份越久越好，故称陈皮。陈皮既可用作中药材，具理气健脾，燥湿化痰之功。亦可用之烹调，去膻辟腥及制作零食等。我国陈皮以广东新会出产为最佳。

③红枣：为落叶灌木或小乔木枣树之果实。形至长圆形，熟时深红色，果肉味甜，既可烹食之用，也可制作零食干品。富含蛋白质及各种维生素等，具有补血养颜、健脾和胃之功。

④二枝香：古人以燃香用作计时方法，一枝香为一个计时单位。古代有一个时辰（约今天两小时）等于四枝香之说，二枝香约为今天一个小时。

【译文】

选用蹄髈一只，去掉爪子部分，以白水煮烂，倒掉汤汁，用好酒一斤，清酱酒半杯，陈皮一钱，红枣四五个，煨烂。起锅时，把葱、椒、酒泼入，挑去陈皮、红枣，这是一种方法。还有一种方法：先用虾米煎汤代水，加酒、秋油煨煮。又有一种方法：用蹄髈一只，先煮熟，以植物油灼皱其皮，再加作料红煨。有些士人喜欢先剥皮而食，称为"揭单被"。又有一种方法：蹄髈一个，两只钵上下扣合，加酒、秋油，隔水蒸，约烧两炷香时间为好，号为"神仙肉"。钱观察家中烹制最为精美。

猪爪、猪筋

专取猪爪，剔去大骨，用鸡肉汤清煨之。筋味与爪相同,可以搭配;有好腿爪,亦可搀入。

【译文】

专选取猪爪,剔去大骨,以鸡肉汤清煨。猪蹄筋味道与猪爪相同,可以搭配成肴;如果有好的腿爪,也可以掺进去。

猪肚二法^①

将肚洗净,取极厚处,去上下皮,单用中心,切骰子块^②,滚油炮炒,加作料起锅,以极脆为佳。此北人法也。南人白水加酒,煨两枝香,以极烂为度,蘸清盐食之^③,亦可;或加鸡汤作料,煨烂熏切,亦佳。

【注释】

①猪肚:猪的胃。

②骰(tóu)子:一种游戏用具或赌具。可用于赌博、占卜、行酒令及游戏。用骨头、木头等制成的立体小方块,六面分别刻有一、二、三、四、五、六点。

③清盐:经过提纯的干净细盐。

【译文】

将猪肚洗干净,取肉最厚的地方,切除上下皮,只用中间部分,切成骰子般的肉块,滚油爆炒,加作料起锅,以极脆为佳。这是北方的烹调法。南方人则把猪肚用白水加酒,煨煮两炷香左右的时间,以烂熟为准,以细盐蘸食,也可以;或者加鸡汤作料,煨烂切片,也很好。

猪肺二法

洗肺最难,以沥尽肺管血水^①,剔去包衣为第一着^②。敲之仆之③，挂之倒之，抽管割膜，工夫最细。用酒水滚一日一夜。肺缩小如一片白芙蓉，浮于汤面，再加作料。上口如泥。汤西厓少宰宴客④，每碗四片，已用四肺矣。近人无此工夫，只得将肺拆碎，入鸡汤煨烂亦佳。得野鸡汤更妙，以清配清故也。用好火腿煨亦可。

【注释】

①冽：用同"沥"，滴落之意。

②包衣：猪肺表面淡黄色的附着物。

③仆：用同"扑"，敲打。

④汤西厓：即汤右曾（1656—1721），字西厓。浙江仁和（今浙江杭州）人。历官河南学政、奉天府丞、光禄寺卿、吏部右侍郎兼翰林院掌院学士。工诗善画。著有《怀清堂集》。少宰：官名。先秦时期主要掌治王官之政令。宋徽宗时期曾以尚书左仆射为太宰，尚书右仆射为少宰。明清时期则别称吏部侍郎为少宰。

【译文】

猪肺最难清洗干净，首先要清洗肺管血水，剔去包衣。敲打倒挂，抽管割膜，需要化时间细心制作。再以酒水滚煮一天一夜。肺缩小如一片白芙蓉，浮于汤面，再加上作料。猪肺上口，熟如烂泥。汤西厓少宰宴客，每碗四片，已用了四个猪肺。近人没有这样的制作功夫，只是将猪肺拆碎，放进鸡汤里煨煮烂熟亦很好。如果以野鸡汤煨煮则更好，是以清配清的缘故。用上好火腿煨煮也可以。

猪　腰

腰片炒枯则木①，炒嫩则令人生疑②。不如煨烂，蘸椒盐食之为佳。或加作料亦可。只宜手摘，不宜刀切。但须一日工夫,才得如泥耳。此物只宜独用,断不可搀入别菜中,最能夺味而惹腥。煨三刻则老③,煨一日则嫩。

【注释】

①枯:这里指烹炒时间过长,以致肉老见韧。

②生疑:怀疑未熟。

③三刻:古代以漏壶计时,漏壶分播水壶和受水壶两部分。受水壶中有立箭,箭上刻分 100 刻,箭随播水壶滴水入受水壶蓄水逐渐上升,露出刻数,显示时间。一日二十四小时为 100 刻,每刻相当于今 14.4 分钟,三刻约为今天 43.2 分钟。

【译文】

猪腰片炒老则硬,炒嫩又令人疑心未熟。不如把它煨烂,蘸椒盐而吃为好。或者加上其他作料也可。这种食法只适合用手撕吃,不宜以刀切。烹煮时须一日工夫,方能烹熟如泥。猪腰适宜单独烹制,绝不能掺入其他菜肴中,它最能夺他菜之味,而且充满腥气。猪腰煨煮三刻则老硬,而煨煮一天则爽嫩。

猪里肉

猪里肉①,精而且嫩。人多不食。尝在扬州谢蕴山太守席上②,食而甘之③。云以里肉切片,用纤粉团成小把,入虾汤中,加香蕈、紫菜清煨④,一熟便起。

【注释】

①猪里肉:即猪里脊肉。

②谢蕴山:即谢启昆(1737—1802),字蕴山,号苏潭。江西南康(今属江西)人。历官扬州知府、山西布政使、广西巡抚。少以文学

名,尤工诗。著有《小学考》《树经堂集》《粤西金石志》等。

③甘之:感觉味美。

④紫菜:红毛菜科植物紫菜的叶状体。生于海湾内较平静的中潮
　带岩石上。可作烹食及制成干品。

【译文】

　　猪里脊肉,质优细嫩。很多人不知道怎么吃。我曾在扬州谢蕴山
太守席中品尝,味道非常好。据说是把猪里脊肉切成片,以芡粉上浆,
放入虾汤中,加香菇、紫菜等清煮,一熟就起锅。

白片肉

　　须自养之猪,宰后入锅,煮到八分熟,泡在汤中,一个时
辰取起①。将猪身上行动之处②,薄片上桌,不冷不热,以温
为度。此是北人擅长之菜。南人效之,终不能佳。且零星
市脯,亦难用也。寒士请客③,宁用燕窝,不用白片肉,以非
多不可故也。割法须用小快刀片之,以肥瘦相参,横斜碎杂
为佳,与圣人"割不正不食"一语④,截然相反。其猪身,肉之
名目甚多,满洲"跳神肉"最妙⑤。

【注释】

①时辰:旧时计时单位,把一昼夜分为十二段,每段为一个时辰,合
　现在两个小时。十二个时辰以地支为名称。从半夜起算,半夜
　十一点到一点是子时,中午十一点到一点是午时。余类推。

②猪身上行动之处:猪经常活动的部位,应指猪的前后腿。

③寒士:魏晋南北朝时讲究门第,出身寒微的读书人称为寒士,或
　指贫苦的读书人。

④割不正不食:语出《论语·乡党》。指肉切得不方正不吃。割,指

宰杀猪牛羊时将其肢体分解。古人有一定的分解方法,以符合
祭礼及身份要求。不按古法分解,乃称"割不正"。这里体现了
孔子讲求饮食规矩以示敬祭之意。

⑤跳神肉:跳神是一种祭神请神之舞,古代宗教遗风。跳神也是满族
的大礼,祭神时将猪白煮。祭礼毕,众人席地割肉而食,称跳神肉。

【译文】

白片肉,最好选用自养之猪,宰后入锅煮八分熟,在汤中泡两个小时
捞起。将猪身上平时运动较多的部位切成薄片上菜,不冷不热,口感温
热为度。这是北方人擅长的烹制之菜。南方人仿照烹制,总是欠佳。而
且,在市场上零散买来的肉也难以合用。一些贫寒读书人请客,宁愿用
燕窝,也不用白片肉,因为白片肉制作需要的猪肉数量大。其切割之法,
也需用小快刀切片,以肥瘦搭配,横斜混杂为最佳,与孔子"割不正不食"
的说法截然相反。猪身各部位名目繁多,满洲人的"跳神肉"为最好。

红煨肉三法

或用甜酱,或用秋油,或竟不用秋油、甜酱。每肉一斤,
用盐三钱,纯酒煨之;亦有用水者,但须熬干水气。三种治
法皆红如琥珀,不可加糖炒色。早起锅则黄,当可则红,过
迟则红色变紫,而精肉转硬。常起锅盖,则油走而味都在油
中矣。大抵割肉虽方,以烂到不见锋棱,上口而精肉俱化为
妙。全以火候为主。谚云:"紧火粥,慢火肉。"①至哉言乎!

【注释】

①紧火粥,慢火肉:此指用快火熬粥,用慢火煨肉。

【译文】

红煨肉的烹制,有的用甜酱,有的用秋油,有的甚至秋油、甜酱一概

不用。每一斤肉，用盐三钱，以纯酒煨煮；也有光用水煨煮，但必须熬干水分。三种烹调法，其肉色都红如琥珀，不可依靠加糖起色。红煨肉烹调，起锅过早肉色发黄，恰到好处则肉呈红色，起锅过迟，肉色由红变紫，而精瘦肉也会变硬。烹制时，经常提起锅盖看，肉质就会走油，而味道都在油汁中。一般把肉切成方块，烹煮至烂不见棱角，上口时瘦肉也能融化为最佳。此道菜式的烹调全在火候的控制掌握。俗话说："紧火粥，慢火肉。"实在是至理名言。

白煨肉

每肉一斤，用白水煮八分好，起出去汤。用酒半斤，盐二钱半，煨一个时辰。用原汤一半加入，滚干汤腻为度，再加葱、椒、木耳、韭菜之类。火先武后文。又一法：每肉一斤，用糖一钱，酒半斤，水一斤，清酱半茶杯。先放酒，滚肉一二十次，加茴香一钱，加水闷烂，亦佳。

【译文】

白煨肉，一般是以肉一斤，用白水煮八分熟起锅，把汤去掉。然后用酒半斤，盐二钱半，煨煮两个小时。再加入一半原汤，烧煮至汤干肉腻为止，再加葱、椒、木耳、韭菜之类。先旺火后慢火。另有一种方法：每肉一斤，加糖一钱，酒半斤，水一斤，清酱半茶杯。先把肉放在酒中滚煮一二十次，加茴香一钱，再加水焖烂，也很不错。

油灼肉[1]

用硬短勒切方块[2]，去筋襻[3]，酒酱郁过，入滚油中炮炙之[4]，使肥者不腻，精者肉松。将起锅时，加葱、蒜，微加醋喷之。

【注释】

①灼：原指火烧火烫，这里同"炮"之意。

②硬短勒：位于猪肋条骨下的板状肉，又称为五花肉。

③筋襻（pàn）：瘦肉或骨头上的白色条状物。

④炮炙：原指在火上焙烤中药，这里指把肉放在滚油中煎炸。

【译文】

把五花肉切成方块，除去筋膜，以酒、酱腌浸后放进滚油中煎炸，令肥肉油而不腻，瘦肉酥松。将起锅时，加葱、蒜，并稍淋点醋。

干锅蒸肉

用小磁钵，将肉切方块，加甜酒、秋油，装入钵内封口，放锅内，下用文火干蒸之。以两枝香为度，不用水。秋油与酒之多寡，相肉而行，以盖满肉面为度。

【译文】

将肉先切成方块，放在小瓷钵中，加上甜酒、秋油，封口，放进锅中，用文火干蒸。蒸大概两炷香的时间，不用加水。肉中所放秋油与酒的量，根据肉的多少而定，一般以淹盖肉面为标准。

盖碗装肉

放手炉上。法与前同。

【译文】

放在手炉上蒸煮。方法与前面的一样。

磁坛装肉

放砻糠中慢煨①。法与前同。总须封口②。

【注释】

①砻（lóng）糠：稻壳。砻，磨谷去壳之工具。

②总须：必须。

【译文】

用稻壳作燃料，慢火煨熟。具体做法与前面的相同。一定要把瓷坛密封严实。

脱沙肉

去皮切碎，每一斤用鸡子三个①，青黄俱用，调和拌肉。再斩碎，入秋油半酒杯，葱末拌匀，用网油一张裹之②。外再用菜油四两，煎两面，起出去油。用好酒一茶杯，清酱半酒杯，闷透，提起切片。肉之面上，加韭菜、香蕈、笋丁。

【注释】

①鸡子：即鸡蛋。

②网油：从猪的大肠上剥离的一层薄脂油，呈网状型。

【译文】

把肉去皮切碎，每一斤用鸡蛋三个，蛋白蛋黄一齐调匀拌肉。把肉切碎，加入半酒杯秋油，与葱末拌匀，用一张猪网油把碎肉包好。然后用四两菜油，把肉团两面煎好，起锅去油。再用一茶杯好酒，半酒杯清酱，倒进锅里与肉焖煮，再把肉切成片。在肉上面加上韭菜、香菇、笋丁。

晒干肉

切薄片精肉，晒烈日中，以干为度。用陈大头菜①，夹片干炒。

【注释】

①大头菜：以芥菜头为原料，通过腌制而制作的咸菜或辣菜。芥菜头，是一年生草本植物芥菜的根。

【译文】

将瘦肉切成薄片，在烈日下晒，直到晒干为止。以陈年大头菜，夹着肉片干炒。

火腿煨肉

火腿切方块，冷水滚三次，去汤沥干；将肉切方块，冷水滚二次，去汤沥干。放清水煨，加酒四两、葱、椒、笋、香蕈。

【译文】

把火腿切成方块，放在冷水中煮滚三次，捞起滴干水分；把肉切成方块，放在冷水中煮滚二次，也捞起滴干水分。然后把两种肉放进清水里煨煮，加酒四两，另加葱、椒、笋、香菇。

台鲞煨肉①

法与火腿煨肉同。鲞易烂，须先煨肉至八分，再加鲞；凉之则号"鲞冻"。绍兴人菜也。鲞不佳者，不必用。

【注释】

①台鲞(xiǎng)：特指浙江台州出产的各类鱼干。鲞，鱼干，腌肉。

【译文】

本菜式烹调与火腿煨肉的方法相同。台鲞容易熟烂，应先将猪肉煨煮八分熟，再加入台鲞；做好后放凉，则称为"鲞冻"。这是绍兴菜式。如果鲞不新鲜，就不要食用。

粉蒸肉

用精肥参半之肉，炒米粉黄色，拌面酱蒸之，下用白菜作垫。熟时不但肉美，菜亦美。以不见水，故味独全。江西人菜也。

【译文】

选择半肥半瘦的猪肉，炒米粉呈黄色，拌上面酱一齐蒸，肉下面垫上白菜。蒸熟后，不但肉味鲜美，菜的味道也不错。由于没有加水，故味道齐全。这是江西菜。

熏煨肉

先用秋油、酒将肉煨好，带汁上木屑，略熏之，不可太久，使干湿参半，香嫩异常。吴小谷广文家①，制之精极。

【注释】

①吴小谷：即吴玉墀，字兰陵，号纱谷，又号小谷、二雨。乾隆三十五年（1770）举人，官太平教谕。在《随园诗话》卷四《随园赋诗》中，袁枚写道："辛丑秋，忽有浙中校官入山见访，方知即玉墀，字小谷，是吾乡尺凫先生之少子、鸥亭居士之季弟。"广文："广文先生"简称。泛指儒学教官。

【译文】

先用秋油、酒将肉煨好，连汁在木屑火上略熏一会，时间不可太长，使肉质半干半湿，香嫩异常。吴小谷广文家中所制熏煨肉，十分精致美味。

芙蓉肉

精肉一斤,切片,清酱拖过,风干一个时辰。用大虾肉四十个,猪油二两,切骰子大,将虾肉放在猪肉上。一只虾,一块肉,敲扁,将滚水煮熟撩起。熬菜油半斤,将肉片放在有眼铜勺内,将滚油灌熟①。再用秋油半酒杯,酒一杯,鸡汤一茶杯,熬滚,浇肉片上,加蒸粉、葱、椒糁上起锅②。

【注释】

①灌熟:把热油反复浇浸在食物上,直至食物成熟为止。

②糁(sǎn):溅,洒。

【译文】

以瘦肉一斤切片,在清酱中腌蘸一下,风干约两个小时。用大虾肉四十个,猪油二两,把虾肉切成骰子般大小,将虾肉放在猪肉上。一块肉放一只虾,敲扁,放在开水里煮熟捞起。熬菜油半斤,将肉片放在有眼铜勺中,以热油来回浇注至肉熟。再将秋油半酒杯,酒一杯,鸡汤一茶杯,烧滚,淋洒在肉片上,洒上蒸粉、葱、椒起锅。

荔枝肉

用肉切大骨牌片①,放白水煮二三十滚,撩起。熬菜油半斤,将肉放入炮透②,撩起,用冷水一激③,肉皱,撩起。放入锅内,用酒半斤,清酱一小杯,水半斤,煮烂。

【注释】

①骨牌:牌类娱乐用具,每副三十张,用骨头、象牙、竹子或乌木制

成,上面刻着以不同方式排列的从两个到十二个点子。旧时多用以赌博。

②炮透:即炸透。

③激:冷却收缩。

【译文】

把肉切成大骨牌大小的片,放进白水里煮滚二三十次,捞起。熬菜油半斤,在油锅中把肉炸透捞起,用冷水迅速冷却,肉顿时起皱,再捞起。最后,放入锅中,加酒半斤,清酱一小杯,水半斤,把肉煮烂方止。

八宝肉

用肉一斤,精、肥各半,白煮一二十滚,切柳叶片。小淡菜二两,鹰爪二两①,香蕈一两,花海蜇二两②,胡桃肉四个去皮,笋片四两,好火腿二两,麻油一两。将肉入锅,秋油、酒煨至五分熟,再加余物,海蜇下在最后。

【注释】

①鹰爪:即茶芽。茶芽形如鹰爪。

②花海蜇(zhé):即海蜇头。海蜇,又名水母。身体作半球形,上面有伞状部分,俗称海蜇皮。下面有口腕八条,俗称海蜇头。富含多种营养素,可供食用,并可入药。

【译文】

以肥瘦各半的猪肉一斤,先用白水煮开一二十次,切成柳叶片状。再以小淡菜二两,鹰爪茶芽二两,香菇一两,海蜇头二两,去皮核桃肉四个,笋片四两,好火腿二两,麻油一两。将肉放入锅中,以秋油、酒煨至五分熟,再加其他东西,最后加海蜇头。

菜花头煨肉

用台心菜嫩蕊①,微腌,晒干用之。

【注释】

①台心菜:不详。

【译文】

以台心菜嫩蕊,稍加盐腌,晒干后可以入肴烹制。

炒肉丝

切细丝,去筋襻、皮、骨。用清酱、酒郁片时,用菜油熬起,白烟变青烟后,下肉炒匀,不停手,加蒸粉,醋一滴,糖一撮,葱白、韭蒜之类。只炒半斤,大火,不用水。又一法:用油泡后,用酱水加酒略煨,起锅红色,加韭菜尤香。

【译文】

把肉去掉筋膜、皮、骨,切成细丝。用清酱、酒腌浸片时,把锅中菜油加热,由白烟变成青烟后,把肉放进锅中,不停地爆炒,随即加入豆粉,醋一滴,糖一撮,还有葱白、韭蒜之类。炒肉丝最好只炒半斤,须用旺火,不用加水。还有一法是:油炒后,加酱水、酒稍做煨煮,肉呈红色时起锅,加韭菜味道尤香。

炒肉片

将肉精、肥各半,切成薄片,清酱拌之。入锅油炒,闻响即加酱、水、葱、瓜、冬笋、韭芽,起锅火要猛烈。

【译文】

将半肥半瘦的猪肉切成薄片，以清酱拌之。入油锅爆炒，闻劈啪响即加酱、水、葱、瓜、冬笋、韭菜等，起锅时要用大火。

八宝肉圆

猪肉精、肥各半，斩成细酱。用松仁、香蕈、笋尖、荸荠、瓜姜之类①，斩成细酱，加纤粉和捏成团，放入盘中，加甜酒、秋油蒸之。入口松脆。家致华云②："肉圆宜切，不宜斩。"必别有所见。

【注释】

①松仁：常绿大乔木植物红松的种子仁，可作美味食品，也是食疗佳品，又称为长寿果。荸荠(bí qì)：古称凫茈，又称乌芋。今有些地区名之为地栗、地梨、马蹄。多年生草本植物，种水田中。口感甜脆，营养丰富。既可生食，也可用以烹调，还可制成淀粉，制作糕点。

②家致华：指袁致华，为袁枚的族侄，故袁枚称其"家致华"。

【译文】

把猪肉肥瘦各半，剁成肉酱。将松仁、香菇、笋尖、荸荠、瓜姜之类，同样切碎，用芡粉把肉与其他食料和捏成团，放入盘中，加甜酒、秋油入锅蒸。吃时入口松脆。我家致华说："肉圆制作，宜用刀切，不宜刀斩。"一定有其道理。

空心肉圆

将肉捶碎郁过，用冻猪油一小团作馅子，放在团内蒸之①。则油流去，而团子空心矣。此法镇江人最善②。

【注释】

①团：指肉圆。

②镇江：镇江府。清属江苏省。

【译文】

把肉捶成肉酱，以调料稍稍腌过，用一小团冻结猪油做馅，放在肉团内，在锅中水蒸。猪油遇热溶化，肉团内里空心。镇江人最擅长这种烹制方法。

锅烧肉

煮熟不去皮，放麻油灼过，切块加盐，或蘸清酱，亦可。

【译文】

猪肉煮熟不去皮，放在锅中滚热的麻油中灼一下，然后切成块加盐食用，或者蘸清酱吃也可以。

酱　肉

先微腌，用面酱酱之①。或单用秋油拌郁，风干。

【注释】

①面酱：以小麦面粉为原料的酿造面酱，主要用为调味品。味道以甜为主，略带咸味，通常用作烹饪酱爆菜式的重要作料，也可在肉食小食中调味蘸食。

【译文】

先将肉微腌一下，再用面酱酱抹肉身。或者是单独用秋油腌浸，然后风干食用。

糟　肉

先微腌，再加米糟。

【译文】

先将肉略腌一下，再加米糟腌。

暴腌肉

微盐擦揉，三日内即用。以上三味，皆冬月菜也，春夏不宜。

【译文】

用少量的盐在肉中擦揉，腌上三天，即可食用。以上三味，皆冬天食用，春夏二季不宜食用。

尹文端公家风肉①

杀猪一口，斩成八块。每块炒盐四钱，细细揉擦，使之无微不到，然后高挂有风无日处。偶有虫蚀，以香油涂之。夏日取用，先放水中泡一宵，再煮，水亦不可太多太少，以盖肉面为度。削片时，用快刀横切，不可顺肉丝而斩也。此物惟尹府至精，常以进贡。今徐州风肉不及，亦不知何故。

【注释】

①尹文端公：指尹继善。

【译文】

杀一只猪，斩成八块。每块用炒过的盐四钱，在肉上细细地揉擦，所有的地方都用盐擦遍,然后挂在通风背阴的地方。偶然有虫子蛀蚀,就以香油涂抹。夏天取用时,先放入水中浸泡一夜,再煮,加水不能太多也不能太少,以盖肉面为好。切削肉片时,用快刀横切,不能顺着肉丝纹路切斩。这种食物以尹府制作最好,常作贡品进贡。如今徐州所产的风肉也不如尹家的好,也不知为什么。

家乡肉

杭州家乡肉,好丑不同,有上、中、下三等。大概淡而能鲜,精肉可横咬者为上品。放久即是好火腿。

【译文】

杭州的家乡肉,好坏各有不同,分为上、中、下三等。大体上吃时淡而鲜,瘦肉可横咬者为上品。时间放长之后,家乡肉就成为好火腿。

笋煨火肉[①]

冬笋切方块,火肉切方块,同煨。火腿撇去盐水两遍,再入冰糖煨烂。席武山别驾云[②]:"凡火肉煮好后,若留作次日吃者,须留原汤,待次日将火肉投入汤中滚热才好。若干放离汤,则风燥而肉枯;用白水,则又味淡。"

【注释】

①火肉:火腿肉。

②席武山别驾:不详。别驾,官名。原是汉代州刺史的佐吏。因随刺史出巡时另乘使车,故称别驾。明、清通判别称"别驾",是府之副职,位列知府、同知之下,正六品。

【译文】

把冬笋与火腿肉切成方块，一同煨煮。等火腿去掉两遍盐水后，再放入冰糖煨煮熟烂。席武山别驾说："火腿肉煮好后，若留作次日吃，一定要保留原汤，待次日把火腿肉在汤中滚热后再吃。如果火腿离汤干放，就会风吹干燥，肉质枯干；再用白水加热，味又变淡。"

烧小猪

小猪一个，六七斤重者，钳毛去秽①，又上炭火炙之。要四面齐到，以深黄色为度。皮上慢慢以奶酥油涂之，屡涂屡炙。食时酥为上，脆次之，硬斯下矣。旗人有单用酒、秋油蒸者②，亦佳。吾家龙文弟③，颇得其法。

【注释】

①钳(qián)：夹，夹取。

②旗人：指清代编入八旗族籍的人，后来一般作为对满族人的泛称。

③吾家龙文弟：指袁枚的同族兄弟袁龙文。

【译文】

将一只六七斤重的小猪，夹去猪毛，清除内脏，又着在炭火上烧烤。要四面全烤，烤至深黄色为好。猪皮上要以奶酥油涂抹，一边涂一边烤。食用时，酥化为上品，脆为中品，硬为下品。满族人有用酒、秋油来蒸的，也很好。我家龙文弟，很会制作。

烧猪肉

凡烧猪肉，须耐性。先炙里面肉，使油膏走入皮内，则皮松脆而味不走。若先炙皮，则肉上之油尽落火上，皮既焦硬,味亦不佳。烧小猪亦然。

【译文】

烧烤猪肉,必须要有耐性。先烧烤里面的肉,使油膏浸入皮肉,就能令肉皮松酥,美味依然。如果先烧烤肉皮,则肉中的香油全落在火上,肉皮焦硬,味道欠佳。烧小猪也是一样。

排　骨

取勒条排骨精肥各半者^①,抽去当中直骨,以葱代之,炙用醋、酱,频频刷上,不可太枯。

【注释】

①勒条:指肋骨。

【译文】

选取肥瘦各半的肋条排骨,抽去当中的直骨,以葱代替,然后用醋、酱涂擦排骨上,放进火中烧烤,边烤边涂,不能让排骨太枯干。

罗蓑肉

以作鸡松法作之^①。存盖面之皮,将皮下精肉斩成碎团,加作料烹熟。聂厨能之。

【注释】

①鸡松:把鸡肉除去水分后制成粉末状食品,适宜保存,便于携带。

【译文】

按鸡肉松的制作方法烹调。留着表面的肉皮,将皮下的精肉斩成碎团,加上作料烹熟。姓聂的厨师能做此菜。

端州三种肉①

一罗蓑肉。一锅烧白肉，不加作料，以芝麻、盐拌之。切片煨好，以清酱拌之。三种俱宜于家常。端州聂、李二厨所作。特令杨二学之②。

【注释】

①端州：今广东肇庆地区。

②杨二：袁枚的家厨。

【译文】

一种是罗蓑肉。一种是锅烧白肉，不加作料，以芝麻、盐拌食之。还有一种把肉切片煨好，以清酱拌之。这三种食肴都适合家常菜。端州聂、李二厨师所烹制。我特地派杨二去学习。

杨公圆

杨明府作肉圆①，大如茶杯，细腻绝伦。汤尤鲜洁，入口如酥。大概去筋去节，斩之极细，肥瘦各半，用纤合匀。

【注释】

①杨明府：即杨兰坡明府。

【译文】

杨明府家做的肉丸，大如茶杯，细腻无比。其汤尤为鲜美，入口如酥。大概是把肉去筋弃节，肉剁极细，肥瘦参半，再用芡粉调和和匀。

黄芽菜煨火腿①

用好火腿，削下外皮，去油存肉。先用鸡汤将皮煨酥，再将肉煨酥。放黄芽菜心，连根切段，约二寸许长；加蜜、酒酿及水，连煨半日。上口甘鲜，肉菜俱化，而菜根及菜心丝毫不散。汤亦美极。朝天宫道士法也②。

【注释】

①黄芽菜：是大白菜的一个类群。形态顶叶对抱，包心结实。既可下汤，也可炒食，鲜甜脆嫩。且耐贮藏，为冬令常备蔬菜。

②朝天宫：在今江苏南京市区水西门内。五代吴国建紫极宫。北宋改天庆观。元改为永寿宫。明洪武十七年（1384）重建，改为朝天宫，为朝廷举行大典前练习礼仪和官僚子弟袭封前学习朝见天子礼仪的场所。清初复为道观。今朝天宫系同治年间重建，为文庙及江宁府学，现为南京市博物馆。

【译文】

选用优质火腿，削去外皮，剥掉肥油，保留精肉。先用鸡汤将剥去的皮煨至酥软，再将火腿肉同样煨至酥软。然后放入黄芽菜心，连根茎切成约二寸长的段；加蜜、酒酿及水，煨上半日。吃起来口感甘鲜，肉菜俱化，而菜根和菜心丝毫不散。肉汤亦十分鲜美。这是朝天宫道士的烹制方法。

蜜火腿

取好火腿，连皮切大方块，用蜜酒煨极烂，最佳。但火腿好丑、高低，判若天渊。虽出金华、兰溪、义乌三处①，而有名无实者多。其不佳者，反不如腌肉矣。惟杭州忠清里王三房家②，四钱一斤者佳。余在尹文端公苏州公馆吃过一次，其香隔户便至，甘鲜异常。此后不能再遇此尤物矣③。

【注释】

①兰溪：位于浙江金华西北部。义乌：也是今浙江金华下辖县
级市。

②杭州忠清里：原名升平巷，乃褚遂良故里。明正德年间，浙江监
察御史唐凤仪于此建忠清里坊，并称其为忠清里。《成化杭州府
志》："升平坊，本名忠清里，入褚家塘。以明正德十六年里人胡
世宁请御史唐凤仪为王琦、项麒二公建坊，以旌其清，并唐褚公
遂良之忠，故名。嘉靖二十六年，布政使李默并勒世宁名于上。"
现位于今杭州下城区新华路。

③尤物：特别之物，一般多指美女。尤，最优异，突出。

【译文】

选取优质火腿，连皮切成大方块，以蜜酒煨熟极烂，最好。但火腿
质量，优劣有如天渊之别。虽然都是出自金华、兰溪、义乌三处，但大多
是有名无实。其中有些很差的火腿，连腌肉都不如。只有杭州忠清里
王三房家，卖四钱一斤的火腿最好。我在尹文端公苏州公馆吃过一次，
火腿香味隔着门也能闻到，特别鲜美。之后再也没有遇到类似的珍
品了。

杂牲单

　　袁氏《杂牲单》，主要介绍牛、羊、鹿等北方肉类食品的相关饮食烹饪制作，体现了北方饮食文化风情。中国地大物博，由于地理、气候、宗教、文化等因素的影响，中国饮食文化南北存在一定的差异，肉类食用也是如此。一般而言，北方受游牧文化影响，以体型较大的牛羊作为主要肉类来源，而南方农耕文化则以家禽，如鸡、鸭、鹅为主要肉类食品。所以"牛、羊、鹿三牲，非南人家常时有之之物，然制法不可不知。作《杂牲单》"。

　　袁氏《杂牲单》中，羊肉的烹饪制作内容较多，包括全羊以及羊头、羊蹄的烹饪方法，烹饪方式也较为多样化，如羹、煨、炒、烧等，且大量应用调味品及配菜，颇有南方饮食文化的风格。也反映了南北饮食文化的交流互动。但是袁氏有关牛羊烹制介绍相对较为简略，或与袁氏对北方饮食不太熟悉有关。

　　袁氏《杂牲单》中也提及诸如鹿、果子狸、獐等动物原料及其烹调制作方法，虽然较为简略，但也可一窥当时尚存的北方游牧狩猎之饮食风尚。

　　牛、羊、鹿三牲，非南人家常时有之之物，然制法不可不知。作《杂牲单》。

【译文】

牛、羊、鹿三种肉类,并不是南方人家中常有的食物,但不能不知道它们的烹制方法。所以作《杂牲单》。

牛 肉

买牛肉法,先下各铺定钱①,凑取腿筋夹肉处②,不精不肥。然后带回家中,剔去皮膜,用三分酒、二分水清煨,极烂,再加秋油收汤。此太牢独味孤行者也③,不可加别物配搭。

【注释】

①定钱:即"定金"。预订货物时先付一部分钱款,称定金。

②凑取:选取。

③太牢:古代祭祀,并用牛、羊、豕三牲叫太牢。也有专指牛为太牢。

【译文】

买牛肉的方法,是先到肉铺预付定金,选取腿筋夹肉处,此处肉不肥不瘦。拿回家中,剔去皮膜,用三分酒、二分水清煨熟烂,再加秋油收汁。牛肉味道独特,只适宜单独烹制,不能与别的食物搭配。

牛 舌

牛舌最佳。去皮、撕膜、切片,入肉中同煨。亦有冬腌风干者,隔年食之,极似好火腿。

【译文】

牛舌是很好的食物。剥皮去膜,切成片,放入牛肉中一同煨煮。也有在冬天腌制风干,来年再食用,味道如优质火腿。

羊　头

羊头毛要去净;如去不净,用火烧之。洗净切开,煮烂去骨。其口内老皮,俱要去净。将眼睛切成二块,去黑皮,眼珠不用,切成碎丁。取老肥母鸡汤煮之,加香蕈、笋丁,甜酒四两,秋油一杯。如吃辣,用小胡椒十二颗、葱花十二段;如吃酸,用好米醋一杯。

【译文】

羊头的毛要去干净;如去不干净,可用火烧净。洗净切开,煮烂去骨。嘴里面的老皮,也要清除干净。把眼睛切成两块,去掉黑皮,不要眼珠,切成碎丁。用老肥母鸡汤煮,加香菇、笋丁,四两甜酒,一杯秋油。如吃辣,就加入十二颗小胡椒、十二段葱花;如吃酸,则用一杯好米醋加煮。

羊　蹄

煨羊蹄,照煨猪蹄法,分红、白二色。大抵用清酱者红,用盐者白。山药配之宜①。

【注释】

①山药:薯蓣类植物,富含淀粉,可作蔬食。

【译文】

煨煮羊蹄,可参照煨煮猪蹄的方法,分为红、白二色烹制。一般用清酱煨是红烧,用盐煨是白煮。适合加些山药与之煨煮配菜。

羊　羹

取熟羊肉斩小块，如骰子大。鸡汤煨，加笋丁、香蕈丁、山药丁同煨。

【译文】

把熟羊肉切成小块，像骰子般大小。用鸡汤，加上笋丁、香菇丁、山药丁等配菜同煨。

羊肚羹

将羊肚洗净，煮烂切丝，用本汤煨之。加胡椒、醋俱可。北人炒法，南人不能如其脆。钱玙沙方伯家①，锅烧羊肉极佳，将求其法。

【注释】

①钱玙沙：即钱琦(1704—?)，号玙沙。历官河南道御史、江苏按察使、四川、福建布政使。与袁枚交好垂五十年。著有《澄碧斋诗钞》等。方伯：殷周时代一方诸侯之长。后来泛称地方长官。汉以来之刺史，唐之采访使、观察史，明清之布政使均称"方伯"。

【译文】

将羊肚洗干净，煮烂后切丝，以原汤再煨之。加胡椒、醋都可以。这是北方人的烹制方法，南方人所烹制的不如北方人做的爽脆。钱玙沙方伯家中锅烧羊肉味道极佳，我要向他请教学习。

红煨羊肉

与红煨猪肉同。加刺眼核桃①，放入去膻②。亦古法也。

【注释】

①核桃:胡桃科植物,其核桃仁富含多种微量元素、矿物质、维生素等,是著名干果食品。

②膻(shān):羊肉的特殊气味。

【译文】

和红煨猪肉的方法一样。在核桃上打孔,放入肉中去膻。这也是古人的方法。

炒羊肉丝

与炒猪肉丝同。可以用纤,愈细愈佳。葱丝拌之。

【译文】

与炒猪肉丝的方法一样。可以打芡,羊肉丝切得越细越好。以葱丝调拌。

烧羊肉

羊肉切大块,重五七斤者,铁叉火上烧之。味果甘脆,宜惹宋仁宗夜半之思也①。

【注释】

①宋仁宗夜半之思:宋仁宗,北宋皇帝赵祯(1010—1063)。据《宋史·仁宗本纪》载:"宫中夜饥,思膳烧羊。"

【译文】

把羊肉切成五七斤重的大块,以铁叉叉在火上烧烤。味道的确甘美酥脆,确实会惹得当年的宋仁宗半夜想要吃它。

全　羊

全羊法有七十二种,可吃者不过十八九种而已。此屠龙之技①,家厨难学。一盘一碗,虽全是羊肉,而味各不同才好。

【注释】

①屠龙之技:原出《庄子·列御寇》。说一姓朱之人,把家产变卖,出门拜师学会屠龙之技,却无龙可杀。技艺虽高,而无实用之功,寓意学习必须从实际出发,讲求实效。后称高超技艺为屠龙之技。

【译文】

全羊烹制法有七十二种,可吃者也不过十八九种而已。这是高超的烹调技艺,一般家厨很难学全。虽然一盘一碗全是羊肉,但是味道各有不同为好。

鹿　肉

鹿肉不可轻得。得而制之,其嫩鲜在獐肉之上①。烧食可,煨食亦可。

【注释】

①獐(zhāng):哺乳动物,形容似鹿而较小,没有角。

【译文】

鹿肉不能轻易得到。得到鹿肉烹制得法,其鲜嫩胜于獐肉。既可烧食,也可以煨食。

鹿筋二法

鹿筋难烂。须三日前,先捶煮之,绞出臊水数遍,加肉汁汤煨之,再用鸡汁汤煨;加秋油、酒,微纤收汤;不搀他物,便成白色,用盘盛之。如兼用火腿、冬笋、香蕈同煨,便成红色,不收汤,以碗盛之。白色者,加花椒细末。

【译文】

鹿筋难以煮烂。食前三日,先将鹿筋捶打后烧煮,沥出腥臊汤水倒掉,反复几次,加肉汁汤煨,再用鸡汁汤煨;加秋油、酒,稍稍勾芡收汤;不掺杂其他东西,煮好就呈白色,以盘盛。如果加上火腿、冬笋、香菇等一起煨煮,汤成红色,不收汤,以碗盛。白色的,还可加点花椒细末。

獐 肉

制獐肉,与制牛、鹿同。可以作脯。不如鹿肉之活,而细腻过之。

【译文】

獐肉的制作,与牛、鹿肉一样。可以制作成干肉脯。獐肉不如鹿肉鲜嫩,却比鹿肉细腻。

果子狸①

果子狸,鲜者难得。其腌干者,用蜜酒酿蒸熟,快刀切片上桌。先用米泔水泡一日②,去尽盐秽。较火腿觉嫩而肥。

【注释】

①果子狸：灵猫科花面狸属哺乳类动物。原为野生动物，主要栖息山林中，皮毛可用作裘革。现代普遍有人工养殖。2002 年的 SARS 病例中，果子狸曾被认为是传播 SARS 病毒的元凶。2017 年中国科学院武汉病毒研究所研究揭示 SARS 冠状病毒起源于蝙蝠中的病毒重组。然食用野生动物对生态和人民健康有很大危害。2020 年 2 月，我国颁布法令，全面禁止食用野生动物。

②泔（gān）水：指淘米水。

【译文】

新鲜的果子狸肉很难得到。其腌干的果子狸，可以用蜜酒酿蒸熟，以快刀切成片上菜。果子狸腌肉先用淘米水浸泡一天，析去盐分与脏物。吃时较火腿肥嫩。

假牛乳

用鸡蛋清拌蜜酒酿，打掇入化①，上锅蒸之。以嫩腻为主。火候迟便老，蛋清太多亦老。

【注释】

①打掇（duō）入化：通过搅动融为一体。

【译文】

以鸡蛋清拌和蜜酒酿，搅匀融化，入锅中蒸。以嫩腻为特点。火候迟了，容易烹老，蛋清太多也会老。

鹿　尾

尹文端公品味，以鹿尾为第一。然南方人不能常得。从北京来者，又苦不鲜新。余尝得极大者，用菜叶包而蒸之,味果不同。其最佳处,在尾上一道浆耳①。

【注释】

①一道浆:指鹿尾脂肪浓厚之处。

【译文】

尹文端公品尝食味,把鹿尾列第一位。但是南方人不能经常得到。从北京带来的鹿尾,可惜不那么新鲜。我曾经得到一条很大的鹿尾,用菜叶包着蒸,味道果然不同凡响。其最好的地方在于尾巴脂肪最丰富之处。

羽族单

　　袁氏《羽族单》,主要对南方常见的鸡、鸭、鹅等家禽类食品相关饮食烹饪制作进行介绍。袁氏认为"鸡功最巨,诸菜赖之。如善人积阴德而人不知。故令领羽族之首,而以他禽附之",所以,单中尤以对鸡的烹调制作介绍最多,也较详尽。即使现代南方饮食生活中,尤其是广东地区,俗语仍有言"无鸡不成宴",反映了鸡在南方饮食生活中的重要地位,古今皆同。

　　袁氏《羽族单》,以鸡为首选,共记载了三十一种以鸡为主的菜肴。袁氏笔下,对鸡的饮食烹制,色香味美,方法多样,层出不穷,体现了较高的烹饪制作工艺水平,至今仍具有实际操作意义。如鸡的烹调方式,可炸、煮、捶、蒸、炒、酱、煨、灼、卤、糟、炖等。以烹调形制,既可整鸡炮制,如"捶鸡""蒸小鸡"等,也可以根据需要,或片,或丁,或块,或酱,或粒,或丝等,其菜式多姿多彩。还有以水果入馔,如"梨炒鸡",这也是中国古代传统饮食文化特色。水果虽以生食为佳,但与肉类同烹,生津开胃,别具特色。袁氏篇中以梨炒鸡,梨具有润肺止咳之功,也起到保健养生作用。

　　《羽族单》中也有饮食疗法的记载,如"黄芪蒸鸡"就是一种食疗菜肴。黄芪,味甘,性微温,有补气升阳、生津止渴之功效,可用于治疗气虚、少食、自汗等症。黄芪蒸鸡对于久病体虚、气血两亏的病人具有很好的食疗作用。饮食疗法是中国传统饮食文化的重要内容,食物与一些中草药,通过烹调配制,形成美味并具有一定药效的药膳,至今仍是现代饮食文化传统而又实用的内容。

此外,《羽族单》中还有鸭、鹅等家禽烹饪制作的相关记录。鸭的记载较多,也反映了当时家鸭食用之普遍。其烹饪制作方式也呈多样化,计有蒸、卤、焖、烧、炖等,而且烹制的火候、时间、配料都十分讲究。最典型是"徐鸭","顶大鲜鸭一只,用百花酒十二两、青盐一两二钱、滚水一汤碗,冲化去渣沫,再兑冷水七饭碗,鲜姜四厚片,约重一两,同入大瓦盖钵内,将皮纸封固口,用大火笼烧透大炭吉;约二文一个。外用套包一个,将火笼罩定,不可令其走气。约早点时炖起,至晚方好。速则恐其不透,味便不佳矣。其炭吉烧透后,不宜更换瓦钵,亦不宜预先开看。鸭破开时,将清水洗后,用洁净无浆布拭干入钵"。鹅主要是由袁氏冠名元人倪瓒的"云林鹅",这是无锡一带的传统名菜。《羽族单》对一些飞禽,如野鸭、鸽子、麻雀、鹌鹑等饮食烹饪制作也有相应的记录。当然与鸡鸭等家禽相比,这些飞禽烹饪制作的介绍颇为简略,基本上都是点到即止。或者当时这些飞禽食用并不普遍。

　　鸡功最巨,诸菜赖之。如善人积阴德而人不知。故令领羽族之首,而以他禽附之。作《羽族单》。

【译文】

　　鸡的功劳最大,许多菜肴的制作都离不开它。正如善人积阴德而别人不知。所以我把它列为家禽类的第一位,而把其他禽畜附带列后。作《羽族单》。

白片鸡

　　肥鸡白片,自是太羹、玄酒之味①。尤宜于下乡村、入旅店,烹饪不及之时,最为省便。煮时水不可多。

【注释】

①太羹:古时祭祀所用的肉汁,因不和五味,或有指本味。玄酒:上
　古祭祀用水,后引申为薄酒。

【译文】

肥鸡肉片,本来就像古时太羹、玄酒一样出自本味。尤其适合在农
村乡下、入旅店住宿来不及烹调的时候,白片鸡最为方便。煮时水不能
放太多。

鸡　松

肥鸡一只,用两腿,去筋骨剁碎,不可伤皮。用鸡蛋清、
粉纤、松子肉,同剁成块。如腿不敷用,添脯子肉①,切成方
块,用香油灼黄,起放钵头内,加百花酒半斤、秋油一大杯、
鸡油一铁勺②,加冬笋、香蕈、姜、葱等。将所余鸡骨皮盖面,
加水一大碗,下蒸笼蒸透,临吃去之。

【注释】

①脯子肉:胸脯肉。

②百花酒:江苏镇江传统名酒,黄酒类。据说以糯米、细麦曲及百
　种野花酿制而成,具有活血养气之功。

【译文】

肥鸡一只,只用两只鸡腿,去骨剁碎,保留鸡皮完整。再用鸡蛋清、
芡粉、松子仁与鸡肉一齐拌匀切块。如鸡腿肉不够用,可加一些鸡脯
肉,也是切成方块。以香油将鸡肉灼黄起锅,放在碗内,加百花酒半斤、
秋油一大杯、鸡油一铁勺,再加冬笋、香菇、姜、葱等。将剩下的鸡骨鸡

皮盖在上面,加一大碗水,放在蒸笼里蒸透,吃的时候再把鸡骨鸡皮
去掉。

生炮鸡

小雏鸡斩小方块,秋油、酒拌,临吃时拿起,放滚油内灼
之,起锅又灼,连灼三回,盛起,用醋、酒、粉纤、葱花喷之。

【译文】

将小鸡斩成小方块,以秋油、酒拌匀,吃时拿起,把鸡块放进滚油内
炸一下,起锅再炸,连续三次,盛起后,将醋、酒、芡粉、葱花浇在上面。

鸡　粥

肥母鸡一只,用刀将两脯肉去皮细刮,或用刨刀亦可。
只可刮刨,不可斩,斩之便不腻矣。再用余鸡熬汤下之。吃
时加细米粉、火腿屑、松子肉,共敲碎放汤内。起锅时放葱、
姜,浇鸡油,或去渣,或存渣,俱可。宜于老人。大概斩碎者
去渣,刮刨者不去渣。

【译文】

肥母鸡一只,用刀将两面鸡胸脯肉去皮细刮,或用刨刀也可以。只
能是刮或刨,不能剁,剁了味道便不那么鲜厚。再用剩余的鸡熬汤。吃
时加放细米粉、火腿屑、松子肉,将这些东西拍碎后放在汤内。起锅时
放入葱、姜,浇上鸡油,去渣存渣均可。鸡粥适合给老人食用。一般剁
碎的鸡肉就要去渣,刮刨的鸡肉就不用去渣。

焦　鸡

　　肥母鸡洗净，整下锅煮。用猪油四两、茴香四个，煮成八分熟，再拿香油灼黄，还下原汤熬浓，用秋油、酒、整葱收起。临上片碎，并将原卤浇之，或拌蘸亦可。此杨中丞家法也①。方辅兄家亦好②。

【注释】

①杨中丞：指杨锡绂。

②方辅：字密庵，安徽歙县人。精书法，善制墨。著《隶八分辨》一卷。

【译文】

　　把老母鸡清洗干净，整鸡下锅煮。放入猪油四两、茴香四个，煮到八分熟，再放入锅中，以香油炸黄，放回原汤熬至浓稠，放入秋油、酒、整葱收汤至干起锅。临上菜时切片，并将原卤浇在鸡上面，或者蘸调料而食也可以。这是杨中丞家的做法。方辅兄家制作的也很不错。

捶　鸡①

　　将整鸡捶碎，秋油、酒煮之。南京高南昌太守家②，制之最精。

【注释】

①捶：用重物反复敲击。

②高南昌太守：不详待考。

【译文】

　　将整只鸡捶碎，以秋油、酒烹煮。南京高南昌太守家所烹制的捶鸡做得最好。

炒鸡片

　　用鸡脯肉去皮,斩成薄片。用豆粉、麻油、秋油拌之,纤粉调之,鸡蛋清拌。临下锅加酱瓜姜、葱花末。须用极旺之火炒。一盘不过四两,火气才透。

【译文】

　　把鸡脯肉去皮,切斩成薄片。以豆粉、麻油、秋油拌匀,芡粉、鸡蛋清调拌。临下锅时加酱瓜姜、葱花末。用旺火猛炒。一盘用肉最好不要超过四两,菜肴才有足够火候。

蒸小鸡

　　用小嫩鸡雏,整放盘中,上加秋油、甜酒、香蕈、笋尖,饭锅上蒸之。

【译文】

　　把小嫩鸡雏,整只放入盘中,上加秋油、甜酒、香菇、笋尖,在饭锅上蒸食。

酱　鸡

　　生鸡一只,用清酱浸一昼夜,而风干之。此三冬菜也①。

【注释】

　　①三冬:这里指冬季三个月,指孟冬(阴历十月)、仲冬(阴历十一

月)、季冬(阴历十二月)。也有指三个冬季,即三年。

【译文】

　　活鸡一只,宰杀洗净后以清酱浸一日一夜,然后捞起风干。这是冬季的时令菜。

鸡　丁

　　取鸡脯子,切骰子小块,入滚油炮炒之,用秋油、酒收起,加荸荠丁、笋丁、香蕈丁拌之。汤以黑色为佳。

【译文】

　　把鸡脯肉切成骰子般小块,放进滚油中爆炒,加秋油、酒起锅,加荸荠丁、笋丁、香菇丁配菜。汤以黑色为最佳。

鸡　圆

　　斩鸡脯子肉为圆,如酒杯大,鲜嫩如虾团。扬州臧八太爷家①,制之最精。法用猪油、萝卜、纤粉揉成,不可放馅。

【注释】

　　①扬州:今江苏扬州。

【译文】

　　把鸡脯肉剁成肉酱制作鸡肉圆,做成如酒杯大小,鲜嫩如虾圆。扬州臧八太爷家制作的鸡圆最为精致。方法是以猪油、萝卜、芡粉搓揉鸡肉成圆,里面不放馅。

蘑菇煨鸡

　　口蘑菇四两①,开水泡去砂,用冷水漂②,牙刷擦,再用清

水漂四次;用菜油二两炮透,加酒喷。将鸡斩块放锅内,滚
去沫,下甜酒、清酱,煨八分功程③,下蘑菇,再煨二分功程,
加笋、葱、椒起锅,不用水,加冰糖三钱。

【注释】

①口蘑菇:蘑菇的一种,据说张家口地区所产的最为著名,故称口
　蘑菇,是一种名贵的食用真菌。

②漂:指用冷水冲去杂质。

②功程:指程度。

【译文】

　口蘑菇四两,以开水泡发去砂,用冷水漂,牙刷擦,再用清水漂洗四
次;然后用菜油二两爆炒,加点酒。将鸡斩成块放入锅中滚煮,去沫,下
甜酒、清酱煨煮,至八分熟时,下蘑菇,再煨至熟透,加笋、葱、椒后起锅,
不用加水,加入三钱冰糖。

梨炒鸡①

　取雏鸡胸肉切片,先用猪油三两熬熟,炒三四次,加麻
油一瓢,纤粉、盐花、姜汁、花椒末各一茶匙,再加雪梨薄片、
香蕈小块,炒三四次起锅,盛五寸盘。

【注释】

①梨:梨属植物通称。大小因品种不同而各异,既有野生,也有人
　工种植。既可生食,也可烹煮食用。梨树还可作观赏树木。

【译文】

　取雏鸡胸脯肉切成片,先把猪油三两烧热,放鸡肉片快炒三四次,
加麻油一瓢,芡粉、盐、姜汁、花椒碎末各一茶匙,再加雪梨薄片及香菇

小块,炒三四次后起锅,以五寸盘盛上。

假野鸡卷^①

　　将脯子斩碎,用鸡子一个,调清酱郁之,将网油画碎^②,分包小包,油里炮透,再加清酱、酒作料,香蕈、木耳起锅,加糖一撮。

【注释】

①假:非正式之意。

②网油:猪的肠系膜、大网膜堆积的脂肪,在猪的腹部成网状的油脂,在制作菜肴时常被当作配料使用。

【译文】

　　将鸡胸脯肉切碎,打入鸡蛋一个,调入清酱腌浸,将网油划成若干块,分别把鸡肉包成几个小包,放进滚油中炸透,再加上清酱、酒作调料,以香菇、木耳拌入后起锅,加点糖。

黄芽菜炒鸡

　　将鸡切块,起油锅生炒透,酒滚二三十次,加秋油后滚二三十次,下水滚。将菜切块,俟鸡有七分熟,将菜下锅。再滚三分,加糖、葱、大料^①。其菜要另滚熟搀用。每一只用油四两。

【注释】

①大料:即八角茴香。

【译文】

　　把鸡肉切成块,放进油锅炒透,加酒翻炒二三十次,再加秋油翻炒

二三十次，加水烧开。将菜切块，待鸡有七成熟时，将菜下锅。滚至鸡
完全熟，加入糖、葱、大料。菜要另外煮熟才可掺用。每一只鸡用油
四两。

栗子炒鸡[①]

鸡斩块，用菜油二两炮，加酒一饭碗，秋油一小杯，水一
饭碗，煨七分熟。先将栗子煮熟，同笋下之，再煨三分起锅，
下糖一撮。

【注释】

①栗子：中国传统经济作物，属干果类食品。味道鲜美，粉质细腻，
有补肾活血之功，具有重要的食用、药用价值。

【译文】

把鸡斩成块，以菜油二两爆炒，加一碗酒，一小杯秋油，一碗水，煨
七分熟。先将栗子煮熟，和笋一齐下锅，再把鸡煨熟后起锅，加一点糖。

灼八块

嫩鸡一只，斩八块，滚油炮透，去油，加清酱一杯、酒半
斤，煨熟便起，不用水，用武火。

【译文】

嫩鸡一只，斩成八块，在滚油中炸透，沥干油滴，加清酱一杯、酒半
斤，煨熟便起锅，不用加水，以旺火烹烧。

珍珠团

熟鸡脯子，切黄豆大块，清酱、酒拌匀，用干面滚满，入

锅炒。炒用素油。

【译文】

　　把煮熟的鸡胸脯肉，切成黄豆般大小，以清酱和酒拌匀，再放在干面粉中滚沾，放入油锅中炒。炒时用植物油。

黄芪蒸鸡治瘵①

　　取童鸡未曾生蛋者杀之，不见水，取出肚脏，塞黄芪一两②，架箸放锅内蒸之，四面封口，熟时取出。卤浓而鲜，可疗弱症。

【注释】

　　①瘵（zhài）：指病。一般指痨病，即肺结核。
　　②黄芪（qí）：即黄耆，多年生草本，其根可入药。味甘，性微温，具有补气固表、利尿强心等功效。李时珍《本草纲目·草一·黄耆》："耆，长也。黄耆，色黄，为补药之长，故名。今俗通作黄芪。"

【译文】

　　杀一只没生过蛋的童子鸡，不要沾水，取出内脏，塞黄芪一两，架上筷子放在锅内蒸，四面密封严实，蒸熟后取出。汤汁浓鲜，可治疗体弱疾病。

卤　鸡

　　囫囵鸡一只①，肚内塞葱三十条、茴香二钱，用酒一斤、秋油一小杯半，先滚一枝香，加水一斤、脂油二两，一齐同煨。待鸡熟，取出脂油②。水要用熟水，收浓卤一饭碗，才取起。或拆碎，或薄刀片之，仍以原卤拌食。

【注释】

①囫囵：整个，完整的。

②脂油：以猪肚肥油熬制的优质猪油。

【译文】

以整鸡一只，肚内塞入葱三十条、茴香二钱，用酒一斤、秋油一杯半，煮一枝香时间，加水一斤、脂油二两，一齐同煨。待鸡熟了，把脂油取出。水要用煮开的水，煮到浓浓的汤汁还有一碗左右，才把鸡取出。或拆碎，或用薄刀切片，再用原汤拌着吃。

蒋　鸡

童子鸡一只，用盐四钱、酱油一匙、老酒半茶杯、姜三大片①，放砂锅内，隔水蒸烂，去骨，不用水。蒋御史家法也②。

【注释】

①老酒：陈年之酒。

②蒋御史：不详待考。御史，中国古代执掌监察官员的一种官职。

　　明清时期设监察御史，分道行使纠察之权。

【译文】

童子鸡一只，以盐四钱、酱油一匙、老酒半茶杯、姜三大片，放砂锅内，隔水蒸烂，去骨，内不加水。这是蒋御史家的烹制方法。

唐　鸡

鸡一只，或二斤，或三斤。如用二斤者，用酒一饭碗、水三饭碗；用三斤者，酌添。先将鸡切块，用菜油二两，候滚熟，爆鸡要透；先用酒滚一二十滚，再下水约二三百滚；用秋油一酒杯；起锅时加白糖一钱。唐静涵家法也①。

【注释】

①唐静涵：苏州盐商富户。袁枚《随园诗话》卷七《苏州偶遇》云："予过苏州，常寓曹家巷唐静涵家。其人有豪气，能罗致都知录事，故尤狎就之。"

【译文】

选鸡一只，重二斤或三斤。如用二斤的鸡，用一碗酒、三碗水；用三斤的鸡，酌量添加酒和水。将鸡切块，用二两菜油烧滚，煎爆鸡块至透；先以酒煮滚一二十次，后再加水煮滚二三百次；加一酒杯秋油；起锅时加白糖一钱。这是唐静涵家中的烹制方法。

鸡　肝

用酒、醋喷炒，以嫩为贵。

【译文】

炒鸡肝以酒、醋爆炒，以嫩为好。

鸡　血

取鸡血为条，加鸡汤、酱、醋、纤粉作羹，宜于老人。

【译文】

把鸡血凝固切条，加上鸡汤、酱、醋、芡粉制作羹，适合老人食用。

鸡　丝

拆鸡为丝，秋油、芥末、醋拌之。此杭州菜也。加笋加芹俱可。用笋丝、秋油、酒炒之亦可。拌者用熟鸡，炒者用生鸡。

【译文】

把鸡肉拆成丝,以秋油、芥末、醋拌食。这是杭州菜。加笋与芹菜也可以。用笋丝、秋油、酒炒吃也可以。拌食需用熟鸡,炒食者可用生鸡。

糟　鸡

糟鸡法,与糟肉同。

【译文】

糟鸡的制法与糟肉的制法相同。

鸡　肾

取鸡肾三十个,煮微熟,去皮,用鸡汤加作料煨之。鲜嫩绝伦。

【译文】

取鸡肾三十个,煮至微熟,剥去皮衣,用鸡汤加作料煨煮。鲜嫩无比。

鸡　蛋

鸡蛋去壳放碗中,将竹箸打一千回蒸之,绝嫩。凡蛋一煮而老,一千煮而反嫩。加茶叶煮者,以两炷香为度。蛋一百,用盐一两;五十,用盐五钱。加酱煨亦可。其他则或煎或炒俱可。斩碎黄雀蒸之[①],亦佳。

【注释】

①黄雀:雀科金翅雀属的鸟类。生活于山林、丘陵及平原地带,以
　多种植物种子及少量昆虫为食,在世界及我国分布甚广。

【译文】

把鸡蛋去壳打在碗中,用竹筷子打一千次,然后蒸吃,非常鲜嫩。蛋一煮就老,煮的时间长了反而变嫩。加茶叶煮,约煮两炷香的时间。一百只蛋,用盐一两;五十只蛋,用盐五钱。加酱煨煮也可以。其他或煎或炒都可以。与斩碎的黄雀肉一起蒸,也很好。

野鸡五法

野鸡披胸肉①,清酱郁过,以网油包放铁奁上烧之②。作方片可,作卷子亦可。此一法也。切片加作料炒,一法也。取胸肉作丁,一法也。当家鸡整煨,一法也。先用油灼拆丝,加酒、秋油、醋,同芹菜冷拌,一法也。生片其肉,入火锅中,登时便吃,亦一法也。其弊在肉嫩则味不入,味入则肉又老。

【注释】

①披:劈开,这里指片下。
②奁(lián):泛指盒、匣一类的盛物器具。

【译文】

野鸡片下鸡胸脯肉,以清酱腌浸,用网油包在铁奁上烧烤。可以包成方片,也可包成一卷。这是一种方法。或把鸡胸脯肉切成肉片,加作料炒,又是一种方法。或把鸡胸脯肉切成肉丁炒,也是一种方法。或把野鸡当家鸡那样整只煨煮,又是一种方法。或用油灼熟,拆成丝,加酒、秋油、醋,同芹菜冷拌,也是一种食法。或把野鸡肉切成片,放在火

锅中,即吃,这也是一种食法。这种食法的弊病在于肉嫩则不够入味,入味则肉质变老。

赤炖肉鸡

赤炖肉鸡,洗切净,每一斤用好酒十二两、盐二钱五分、冰糖四钱,研酌加桂皮①,同入砂锅中,文炭火煨之。倘酒将干,鸡肉尚未烂,每斤酌加清开水一茶杯。

【注释】

①桂皮:即樟科植物肉桂等树皮的通称。常用为中药,补火助阳,散寒止痛。或作食品香料或烹饪调料。

【译文】

红炖肉鸡,先把鸡洗净切好,每一斤用十二两好酒、二钱五分盐、四钱冰糖,适量加一些桂皮,一齐放入砂锅中,以慢炭火煨煮。倘若酒快煮干,而鸡肉尚未烂熟,每斤酌加清开水一茶杯。

蘑菇煨鸡

鸡肉一斤,甜酒一斤,盐三钱,冰糖四钱,蘑菇用新鲜不霉者,文火煨两枝线香为度①。不可用水,先煨鸡八分熟,再下蘑菇。

【注释】

①线香:用香料末制成的细长如线的香。

【译文】

以鸡肉一斤,甜酒一斤,盐三钱,冰糖四钱,选用新鲜不霉的蘑菇,慢火煨煮两炷线香的时间。不可加水,先将鸡煨至八分熟,才放入蘑菇。

鸽　子①

鸽子加好火腿同煨，甚佳。不用火肉，亦可。

【注释】

①鸽：鸽形目鸠鸽科数百种鸟类的统称，以谷类为食。这里所指应
　为家鸽，其营养价值极高，是名贵的美味佳肴，还具有良好的药
　用保健功效。鸽子蛋被称为动物人参。

【译文】

鸽子与好的火腿一齐煨煮，味道很好。不用火腿也可以。

鸽　蛋

煨鸽蛋法，与煨鸡肾同。或煎食亦可，加微醋亦可。

【译文】

煨制鸽蛋与煨制鸡肾的方法一样。或者煎食也可以，也可加点醋。

野　鸭

野鸭切厚片，秋油郁过，用两片雪梨，夹住炮炒之。苏州
包道台家①，制法最精，今失传矣。用蒸家鸭法蒸之，亦可。

【注释】

①包道台：不详待考。道台，清代省以下、府以上一级的地方官员，
　也称观察。

【译文】

野鸭肉切成厚片，用秋油腌制，以两片雪梨夹住肉煎炒。苏州包道

台家所制的最好,今已失传。用蒸家鸭的方法蒸食也可以。

蒸　鸭

生肥鸭去骨,内用糯米一酒杯,火腿丁、大头菜丁、香蕈、笋丁、秋油、酒、小磨麻油、葱花,俱灌鸭肚内,外用鸡汤放盘中,隔水蒸透。此真定魏太守家法也①。

【注释】

①真定:五代唐改镇州置,治所在真定县(今河北正定)。后屡经改易。北宋为真定府,元改为真定路,明复为真定府。清雍正元年(1723)改名正定府。

【译文】

把肥鸭宰杀去骨,用一酒杯糯米,火腿丁、大头菜丁、香菇、笋丁、秋油、酒、小磨麻油、葱花,全部塞入鸭肚内,放在鸡汤盘中,隔水蒸透。这是真定魏太守家的烹制方法。

鸭糊涂

用肥鸭,白煮八分熟,冷定去骨,拆成天然不方不圆之块,下原汤内煨,加盐三钱、酒半斤,捶碎山药,同下锅作纤,临煨烂时,再加姜末、香蕈、葱花。如要浓汤,加放粉纤。以芋代山药亦妙。

【译文】

把肥鸭以白水煮至八分熟,冷却后去骨,拆成自然的不方不圆块状,放入原汤中煨煮,加三钱盐、半斤酒,把山药捶碎,一起放入锅中作芡,鸭肉快要烂熟时,再加上姜末、香菇、葱花。如要浓汤,还可加放淀粉勾芡。以芋头代替山药也很好。

卤　鸭

不用水，用酒，煮鸭去骨，加作料食之。高要令杨公家
法也①。

【注释】

①高要令杨公：指杨国霖，也即杨兰坡，曾任广东高要（今广东肇
　庆）知县。高要在明、清时为肇庆府治。

【译文】

不用水而用酒煮鸭，鸭熟去骨，加作料而食。高要令杨公家中的烹
制法。

鸭　脯

用肥鸭，斩大方块，用酒半斤、秋油一杯、笋、香蕈、葱花
闷之，收卤起锅。

【译文】

把肥鸭斩成大方块，用半斤酒、一杯秋油、笋、香菇、葱花焖煮，收汁
起锅。

烧　鸭

用雏鸭，上叉烧之。冯观察家厨最精。

【译文】

用小鸭，叉在铁叉上烧烤。冯观察家的厨师做得最好。

挂卤鸭

塞葱鸭腹，盖闷而烧。水西门许店最精①。家中不能作。有黄、黑二色，黄者更妙。

【注释】

①水西门：五代杨吴金陵城西门之一。因地处内秦淮河的出城口，成为控制西水关的要隘，故名。明代改为三山门。即今南京城水西门。

【译文】

把葱塞入鸭腹，密盖焖烧。水西门许店最为擅长。一般人家中难以制作。有黄、黑二色，黄色的更好。

干蒸鸭

杭州商人何星举家干蒸鸭。将肥鸭一只，洗净斩八块，加甜酒、秋油，淹满鸭面，放磁罐中封好，置干锅中蒸之。用文炭火，不用水。临上时，其精肉皆烂如泥。以线香二枝为度。

【译文】

杭州商人何星举家所制干蒸鸭。将肥鸭一只，洗净斩成八块，加甜酒、秋油，淹满鸭面，放在瓷罐中封实，然后放在干锅中蒸；用文炭火蒸煮，不要加水。临上桌时，精肉皆烂如泥。一般蒸约两支线香时间。

野鸭团

细斩野鸭胸前肉，加猪油微纤，调揉成团，入鸡汤滚之。

或用本鸭汤亦佳。太兴孔亲家制之^①，甚精。

【注释】

①太兴孔亲家：指孔继檊(1746—1817)，一作继澣，字阴泗，号雩谷。山东滕县(今山东滕州)人。乾隆四十四年(1779)任江苏泰兴县知县。历官至松江知府。嗜文翰，精篆刻，工画墨梅。袁枚曾作有《与孔雩谷亲家》，收入《小仓山房尺牍》。太兴，今江苏泰兴。

【译文】

把野鸭胸脯肉剁极细，加入猪油和少许芡粉，调匀成团，放在鸡汤中煮熟。或用鸭汤亦很好。太兴孔亲家制作的野鸭团最好。

徐　鸭

顶大鲜鸭一只，用百花酒十二两、青盐一两二钱、滚水一汤碗，冲化去渣沫，再兑冷水七饭碗，鲜姜四厚片，约重一两，同入大瓦盖钵内，将皮纸封固口^①，用大火笼烧透大炭吉；约二文一个^②。外用套包一个，将火笼罩定，不可令其走气。约早点时炖起，至晚方好。速则恐其不透，味便不佳矣。其炭吉烧透后，不宜更换瓦钵，亦不宜预先开看。鸭破开时，将清水洗后，用洁净无浆布拭干入钵。

【注释】

①皮纸：用桑树皮、楮树皮等制成的一种坚韧的纸。一般供制作雨伞之用。

②炭吉：一种燃料。

【译文】

选最大的新鲜鸭一只，用十二两百花酒、一两二钱青盐、开水一汤碗,冲化拌匀后去掉渣沫,再兑七碗冷水,四厚片鲜姜,约重一两,一齐放入大瓦盖钵内,以皮纸封密钵口,放在大火笼上烧透大炭吉;约二文钱一个。火笼外面用一个套包密封,不要让热气泄漏。约吃早饭时开始炖,直至晚上才炖好。时间短了恐怕炖不透,味道欠佳。炭吉烧透后,不要更换瓦钵,也不要预早开看。鸭子宰杀开膛时,以清水清洗好,用洁净无浆布把鸭子擦拭干净了,再放进瓦钵。

煨麻雀①

取麻雀五十只,以清酱、甜酒煨之,熟后去爪脚,单取雀胸、头肉,连汤放盘中,甘鲜异常。其他鸟鹊俱可类推。但鲜者一时难得。薛生白常劝人②:"勿食人间豢养之物③。"以野禽味鲜,且易消化。

【注释】

①麻雀:一种常见的杂食性鸟类。在中国分布甚广,种群数量巨大。主要食物为各种植物的种子果实,包括人工作物。

②薛生白:即薛雪(1681—1770),字生白,号一瓢。吴县(今江苏苏州吴中区)人。博学多才,能诗文,善书画,精通医道。著有《一瓢诗存》《扫叶庄诗稿》《湿热条辨》《薛生白医案》等。

③豢(huàn)养:喂养,驯养。

【译文】

取五十只麻雀,以清酱、甜酒煨煮,熟后去爪脚,单取雀胸、头肉,连汁放盘中,味道甘鲜。其他鸟类也可以用相同的方法烹制。但一般新鲜雀鸟一时很难取得。薛生白常劝人们:"不要吃人间豢养的动物。"认为野禽味道鲜美,且易消化。

煨鹪鹑、黄雀①

鹪鹑用六合来者②，最佳。有现成制好者。黄雀用苏州糟，加蜜酒煨烂，下作料，与煨麻雀同。苏州沈观察煨黄雀③，并骨如泥，不知作何制法。炒鱼片亦精。其厨馔之精，合吴门推为第一④。

【注释】

①鹪鹑：体形似鸡，头小尾秃，羽毛赤褐色，杂有暗黄条纹。雄性好斗。肉、卵均可食，味美。黄雀：雀科金翅雀属。以植物果实和种子为食。

②六合：县名，在今江苏南京北部。

③苏州沈观察：不详待考。

④吴门：指苏州一带。

【译文】

鹪鹑用六合产的最好。有现成制好的。黄雀用苏州糟加蜜酒煨烂，放入作料，与煨麻雀的方法相同。苏州沈观察所制煨黄雀，骨酥如泥，不知道用什么方法烹制。他们家所炒鱼片也很好。其厨艺之精，苏州一带可为第一。

云林鹅

《倪云林集》中①，载制鹅法。整鹅一只，洗净后，用盐三钱擦其腹内，塞葱一帚填实其中②，外将蜜拌酒通身满涂之。锅中一大碗酒、一大碗水蒸之，用竹箸架之，不使鹅身近水。灶内用山茅二束，缓缓烧尽为度。俟锅盖冷后，揭开锅盖，将

鹅翻身,仍将锅盖封好蒸之,再用茅柴一束,烧尽为度。柴俟
其自尽,不可挑拨。锅盖用绵纸糊封③,逼燥裂缝,以水润之。
起锅时,不但鹅烂如泥,汤亦鲜美。以此法制鸭,味美亦同。每
茅柴一束,重一斤八两。擦盐时,串入葱、椒末子,以酒和匀。
《云林集》中,载食品甚多。只此一法,试之颇效,余俱附会。

【注释】

①《倪云林集》:不详待考。考倪瓒《云林堂饮食制度集》,并无此段
　文字。倪云林,即倪瓒(1301?—1374),字泰宇,别字元镇,号云
　林子。无锡(今属江西)人。与黄公望、王蒙、吴镇并称为元季四
　大家。倪云林不仅善画山水,而且在烹饪上也颇有心得,曾著有
　元代重要的饮食著作《云林堂饮食制度集》,在中国饮食文化史
　上具有重要的影响。

②一帚:一小把。

③绵纸:以树木韧皮纤维制的纸,柔软而有韧性,纤维细长如绵,多
　用作鞭炮捻子。

【译文】

　　元朝倪瓒《云林集》中,记载了制鹅之法。全鹅一只,洗净后用盐三
钱擦其腹内,然后塞一小把葱在其中,外面鹅身用蜜拌酒涂遍。锅中放
一大碗酒与一大碗水蒸鹅,鹅身不要接触水,用竹筷子架起。灶内用山
茅二束,慢慢烧光为止。待锅冷后,揭开锅盖,将鹅翻身,仍将锅盖封好
再蒸,再用一束茅柴,烧光为止。柴要自然烧尽,不可挑拨。锅盖用绵
纸糊封,如有温热干燥,产生裂缝,则用水湿润。起锅时,不但鹅烂如
泥,汤汁也鲜美。以此法烹制鸭,同样味美。茅柴每束重一斤八两。擦
盐时,可掺入葱、椒粉末,以酒和匀。《云林集》中,所载食品甚多。只有
这种烹饪方法,试过之后颇有效果,其余都是牵强附会。

烧　鹅

杭州烧鹅，为人所笑，以其生也。不如家厨自烧为妙。

【译文】

杭州烧鹅，总是为人所笑，因为烧得似生不熟。不如家厨烧得好。

水族有鳞单

　　袁氏《水族有鳞单》主要是对有鳞鱼类的饮食烹饪做说明与介绍。有鳞鱼是指身上有鳞的鱼类。鳞是鱼类皮肤的衍生物，是一种保护鱼类身体的多功能组织。有鳞鱼和无鳞鱼，只是鱼种不同，两者在营养价值上并没有太大区别。

　　袁氏本篇对于有鳞鱼类的烹调，主要强调两个方面，一是鱼类的选购。可根据鱼的形态作优化选择，以保证选用优质食物原料。如"鲫鱼"，"鲫鱼先要善买。择其扁身而带白色者，其肉嫩而松；熟后一提，肉即卸骨而下。黑脊浑身者，崛强槎丫，鱼中之喇子也，断不可食"。

　　另一方面是鱼类的烹饪方法。鱼类烹饪方法多种多样，有蒸、糟、炒、煮、煎、熘、煨、腌等，也可制作鱼脯、鱼圆等，根据鱼品特点来决定具体的烹饪方式。烹饪制作时，要注意烹饪时间，避免时间过长导致鲜鱼烹老而味变。如"边鱼"，"边鱼活者，加酒、秋油蒸之。玉色为度。一作呆白色，则肉老而味变矣"。又如"家常煎鱼"，若是新鲜鱼，则以迅速起锅为好，以保持鱼品鲜美。同时要注意利用葱、姜、酒、醋等调味品，去腥提鲜。当然，调味品的运用，也要取决于鱼品形体大小，适可而止，不可喧宾夺主。

　　鱼皆去鳞，惟鲥鱼不去。我道有鳞而鱼形始全。作《水族有鳞单》。

【译文】

鱼皆需要去鳞，唯鲥鱼不用去鳞。我觉得鱼有鳞形状才算完整。因此作《水族有鳞单》。

边　鱼①

边鱼活者，加酒、秋油蒸之。玉色为度。一作呆白色，则肉老而味变矣。并须盖好，不可受锅盖上之水气。临起加香蕈、笋尖。或用酒煎亦佳。用酒不用水，号"假鲥鱼"。

【注释】

①边鱼：学名为广东鲂，肉质幼嫩，味道鲜美，营养丰富，是重要的淡水经济鱼类之一。

【译文】

边鱼要选用活的，加酒、秋油蒸。蒸到呈玉色为好。如果蒸到呆白色，鱼肉则老味道也就变了。蒸鱼时必须把锅盖好，不可让锅盖上的水气滴到鱼上。差不多起锅时，加上香菇、笋尖。或用酒煎食也很好。用酒不用水，号称"假鲥鱼"。

鲫　鱼

鲫鱼先要善买。择其扁身而带白色者，其肉嫩而松；熟后一提，肉即卸骨而下。黑脊浑身者，崛强槎丫，鱼中之喇子也①，断不可食。照边鱼蒸法，最佳。其次煎吃亦妙。拆肉下可以作羹。通州人能煨之②，骨尾俱酥，号"酥鱼"，利小儿食。然总不如蒸食之得真味也。六合龙池出者^③，愈大愈嫩，亦奇。蒸时用酒不用水，稍稍用糖以起其鲜。以鱼之小大，酌量秋油、酒之多寡。

【注释】

①喇子：地痞，靠敲诈勒索为生的游民。

②通州：今江苏南通通州区。

③六合：今南京六合区。

【译文】

鲫鱼首先必须要会买。选择扁身带白色的，它的肉质鲜嫩且松弛；熟后一提，鱼肉自然离骨脱落。黑脊圆身的，肉质僵硬多刺，属于鱼中之劣品，千万不要食用。蒸鱼如蒸边鱼法，最佳。其次煎食也不错。拆肉也可做羹。通州人最会煨炖鲫鱼，做出的鲫鱼成品首尾俱酥，号称"酥鱼"，小孩子吃最合适。但总不如蒸食鲜美。六合龙池产的这种鱼，个头越大越嫩，令人惊奇。蒸时用酒不用水，稍稍放些糖可以提鲜。根据鱼之大小，酌量放秋油与酒。

白　鱼^①

白鱼肉最细。用糟鲥鱼同蒸之，最佳。或冬日微腌，加酒酿糟二日，亦佳。余在江中得网起活者，用酒蒸食，美不可言。糟之最佳。不可太久，久则肉木矣。

【注释】

①白鱼：属鲤科鱼类，主要分布于云南、四川等地的江河湖泊中。其品种多样，味道鲜美，有较高的药用价值，具有补肾益脑、开窍利尿之功。

【译文】

白鱼肉最细腻。把糟鲥鱼与之同蒸,味道最佳。或者在冬天稍微腌一下,加酒糟酿两天,也很好。我把江中刚捕捞上来还活着的白鱼,以酒蒸食,味道鲜美不可言说。糟鱼食法最佳。但不要糟得太久,太久则肉硬无味。

季　鱼

季鱼少骨,炒片最佳。炒者以片薄为贵。用秋油细郁后,用纤粉、蛋清搂之①,入油锅炒,加作料炒之。油用素油。

【注释】

①蛋清:即蛋白。蛋清遇热会凝固为白色固体,故称为蛋白。搂:即熘,加淀粉汁急火快炒。

【译文】

季鱼鱼刺少,炒鱼片最好。炒时鱼片切得越薄越好。用秋油腌浸后,用芡粉、蛋清调拌,入油锅炒,再放作料。油要用植物油。

土步鱼①

杭州以土步鱼为上品。而金陵人贱之,目为虎头蛇②,可发一笑。肉最松嫩。煎之、煮之、蒸之俱可。加腌芥作汤、作羹,尤鲜。

【注释】

①土步鱼:学名沙鳢,是江南地区湖港河汊底层的小型鱼类。因其冬日伏于水底,附土而行,古籍中称之为土步鱼。

②目为:视作。

【译文】

　　杭州以土步鱼为上品。而金陵人都看不起这种鱼,视为虎头蛇,令人发笑。这种鱼的鱼肉最松嫩。可煎、可煮、可蒸。加进腌芥菜做汤、做羹,味道尤为鲜美。

鱼　松

　　用青鱼、鲜鱼蒸熟,将肉拆下,放油锅中灼之,黄色,加盐花、葱、椒、瓜姜。冬日封瓶中,可以一月。

【译文】

　　将青鱼、鲜鱼蒸熟后,把肉拆下,放到油锅中炸,炸至金黄色,然后加入适量的盐、葱、椒、瓜姜等。冬日封在瓶里,可以保存一个月。

鱼　圆

　　用白鱼、青鱼活者,剖半钉板上,用刀刮下肉,留刺在板上。将肉斩化,用豆粉、猪油拌,将手搅之。放微微盐水,不用清酱,加葱、姜汁作团。成后,放滚水中煮熟撩起,冷水养之。临吃入鸡汤、紫菜滚。

【译文】

　　把活的白鱼或青鱼,剖成两半,钉在板上,用刀刮下鱼肉,刺则留在板上。把鱼肉剁成碎末,放入豆粉、猪油,用手搅拌均匀。放一点盐水,不用清酱,加葱、姜汁后制作成团。做好后,放入滚水中煮熟捞起,放进冷水中存放。临吃时,放进鸡汤、紫菜烧滚便可。

鱼　片

　　取青鱼、季鱼片,秋油郁之,加纤粉、蛋清,起油锅炮炒,

用小盘盛起，加葱、椒、瓜姜，极多不过六两，太多则火气
不透。

【译文】

把青鱼、季鱼片，用秋油腌浸，加入芡粉、蛋清拌匀，放入滚热油锅
中爆炒，用小盘盛出，加葱、椒、瓜姜等，鱼片最多不能超过六两，太多则
火气难透。

连鱼豆腐①

用大连鱼煎熟，加豆腐，喷酱、水、葱、酒滚之，俟汤色半
红起锅，其头味尤美。此杭州菜也。用酱多少，须相鱼
而行。

【注释】

①连鱼：即鲢鱼，是我国四大家鱼之一，分布较广。其肉质鲜嫩，是
　　较易人工养殖的优质鱼品。

【译文】

把大连鱼煎熟，加豆腐，放入酱、水、葱、酒等烧煮，待到汤色半红时
即可起锅，其鱼头的味道特别鲜美。这是杭州菜。用酱多少，必须根据
鱼体大小而定。

醋搂鱼

用活青鱼切大块，油灼之，加酱、醋、酒喷之，汤多为妙。
俟熟即速起锅。此物杭州西湖上五柳居最有名。而今则酱
臭而鱼败矣。甚矣！宋嫂鱼羹①，徒存虚名。《梦粱录》不足

信也^②。鱼不可大，大则味不入；不可小，小则刺多。

【注释】

①宋嫂鱼羹：是起源于南宋的一道菜，做法通常将鳜鱼或鲈鱼蒸熟后剔去皮骨，加上火腿丝、香菇、竹笋末、鸡汤等佐料烹制而成。据宋人周密《武林旧事》所载，南宋临安宋五嫂所卖鱼羹，受到宋高宗赏识，声名大震，成了驰名京城的名肴。

②《梦粱录》：古代史料笔记，南宋吴自牧著，二十卷。仿孟元老《东京梦华录》体例，记南宋都城临安山川地理、市镇建置、风俗曲艺、商贸物产等，多为作者耳闻目见，很有史料价值。

【译文】

把鲜活青鱼切成大块，以油煎炸，加酱、醋、酒等调料，以汤汁多为好。待鱼熟迅速起锅。这种菜以杭州西湖五柳居酒楼所制作的最为著名。如今都因酱臭而鱼也难做成功了。实在太可惜！宋嫂鱼羹，也是徒有虚名。《梦粱录》所载不足信。鱼不可过大，大则不易入味；不可太小，太小则鱼刺多。

银　鱼^①

银鱼起水时，名冰鲜。加鸡汤、火腿汤煨之。或炒食甚嫩。干者泡软，用酱水炒亦妙。

【注释】

①银鱼：体细长，分为大银鱼、小银鱼，属于生活在近海的淡水鱼，主要分布在山东至浙江沿海地区。银鱼具有高蛋白、高钙、低脂肪的特点，营养价值较高。

【译文】

银鱼从水中捕捞时，名叫冰鲜。以鸡汤或火腿汤煨煮。或炒着吃，更为鲜嫩。干银鱼要先泡软，再用酱水炒也很好。

台 鲞

台鲞好丑不一。出台州松门者为佳①，肉软而鲜肥。生时拆之，便可当作小菜，不必煮食也。用鲜肉同煨，须肉烂时放鲞。否则，鲞消化不见矣。冻之即为鲞冻。绍兴人法也②。

【注释】

①台州松门：在今浙江台州温岭市。松门自宋以来就成为军事要塞、海防门户，海水养殖业发达。

②绍兴：今浙江绍兴。

【译文】

台鲞质量高低不一。台州松门出产的最好，肉质柔软而鲜肥。生时把肉拆下，就可以当成小菜，不必煮熟而吃。与鲜肉一起煨煮时，必须等肉烂时才放入鲞。否则，鲞会煨化无形。熟后冷冻即为鲞冻。这是绍兴人的做法。

糟 鲞

冬日用大鲤鱼，腌而干之，入酒糟，置坛中，封口。夏日食之。不可烧酒作泡。用烧酒者，不无辣味。

【译文】

冬天把大鲤鱼腌过后风干，然后用酒糟腌放在缸中，密封。到夏天可食。不能用烧酒泡发。用烧酒泡,会产生辣味。

虾子勒鲞^①

　　夏日选白净带子勒鲞,放水中一日,泡去盐味,太阳晒干。入锅油煎,一面黄取起,以一面未黄者铺上虾子,放盘中,加白糖蒸之,以一炷香为度。三伏日食之绝妙。

【注释】

①勒鲞(xiǎng):腌制的鳓鱼干。

【译文】

　　夏天选用白净带鱼子的鳓鱼干,放水中泡一日,去掉咸味,太阳晒干。然后入锅中以油煎食,将一面煎黄取出,在没黄的一面铺上虾子,放在盘中,加白糖蒸一炷香的时间。三伏天食用绝佳。

鱼 脯

　　活青鱼去头尾,斩小方块,盐腌透,风干,入锅油煎。加作料收卤,再炒芝麻滚拌起锅^①。苏州法也。

【注释】

①芝麻:又名胡麻,我国传统主要油料作物之一。种子含油量高,可榨取食油,称为麻油、香油。气味醇香,冷热可用。芝麻可用作菜肴辅料,也可作糕饼馅料及制作甜品。

【译文】

　　把活青鱼斩头去尾,切成小方块,以盐腌透后风干,放入油锅中煎。加作料收卤,再加上炒芝麻滚拌起锅。这是苏州的烹制方法。

家常煎鱼

家常煎鱼,须要耐性。将鲜鱼洗净,切块盐腌,压扁,入油中两面熯黄①,多加酒、秋油,文火慢慢滚之,然后收汤作卤,使作料之味全入鱼中。第此法指鱼之不活者而言②。如活者,又以速起锅为妙。

【注释】

①熯(hàn):用极少的油煎。

②第:但,且。

【译文】

家常煎鱼,必须有耐性。将鲜鱼洗干净,切成块以盐腌,压扁,然后放入油中将鱼两面煎黄,多加酒、秋油,文火慢慢炖熟,然后收干汤汁作卤,使作料之味全入鱼中。但此方法是用来处理那些不新鲜的鱼。若是活鱼,则以迅速起锅为好。

黄姑鱼

岳州出小鱼①,长二三寸,晒干寄来。加酒剥皮,放饭锅上,蒸而食之,味最鲜,号"黄姑鱼"。

【注释】

①岳州:今湖南岳阳。

【译文】

岳州出产的小鱼,二三寸长,有人晒干寄来。把它剥皮,加酒调味,放在饭锅上蒸食,味道最为鲜美,叫做"黄姑鱼"。

水族无鳞单

　　袁氏《水族无鳞单》主要介绍无鳞鱼类的饮食烹调方法。无鳞鱼是指天生无鳞或鱼鳞很小的鱼种。无鳞鱼一般不饱和脂肪酸含量较低，而胆固醇含量较高，而有鳞鱼不饱和脂肪酸含量较高。老年人或心血管状况欠佳之人，较适宜吃有鳞鱼。无鳞鱼属于寒凉之物，从中医的角度来看，阴虚血淤之疾者，也不适宜食用无鳞鱼，如红斑狼疮患者。对于一般人来说，如果不是出于某些宗教的禁忌，则可根据个人喜好而选择不同的鱼类烹制品尝。

　　袁氏认为无鳞鱼腥气较重，必须加大调味品的应用。烹饪制作时，火候大小、原料加工、调味品类、调味时机，都十分重要。如"汤鳗"的制作，"鳗鱼最忌出骨。因此物性本腥重，不可过于摆布，失其天真，犹鲥鱼之不可去鳞也。清煨者，以河鳗一条，洗去滑涎，斩寸为段，入磁罐中，用酒水煨烂，下秋油起锅，加冬腌新芥菜作汤，重用葱、姜之类，以杀其腥。常熟顾比部家，用纤粉、山药干煨，亦妙。或加作料，直置盘中蒸之，不用水。家致华分司蒸鳗最佳。秋油、酒四六兑，务使汤浮于本身。起笼时，尤要恰好，迟则皮皱味失"。

　　袁氏本单中所介绍的无鳞鱼类以常见品种如鳗鱼、甲鱼、鳝为主，还有相关虾、蟹、贝壳类及青蛙等的介绍。饮食烹饪方式有煨、煮、炸、炒、酱、醉等。醉制烹饪，一般是把食物放入酒中并加调料醉制而成。

如"醉虾"，"带壳用酒灸黄捞起，加清酱、米醋煨之，用碗闷之。临食放盘中，其壳俱酥"。

本单中也展现了食肴的造型艺术，如"全壳甲鱼"，"山东杨参将家，制甲鱼去首尾，取肉及裙，加作料煨好，仍以原壳覆之。每宴客，一客之前以小盘献一甲鱼。见者悚然，犹虑其动。惜未传其法"。在追求美味的同时，通过刀工以及原料的肉质与色泽特点，构成菜肴的工艺造型，以增加饮食文化意趣。袁氏篇中所介绍的各种烹饪技巧，都是实践中的经验总结，至今仍有借鉴之处。

　　鱼无鳞者，其腥加倍，须加意烹饪；以姜、桂胜之。作《水族无鳞单》。

【译文】

没有鳞的鱼，腥气特别严重，必须以特别方法烹调；可用姜、桂压住腥味。作《水族无鳞单》。

汤　鳗

鳗鱼最忌出骨。因此物性本腥重，不可过于摆布，失其天真，犹鲋鱼之不可去鳞也。清煨者，以河鳗一条，洗去滑涎，斩寸为段，入磁罐中，用酒水煨烂，下秋油起锅，加冬腌新芥菜作汤，重用葱、姜之类，以杀其腥①。常熟顾比部家②，用纤粉、山药干煨，亦妙。或加作料，直置盘中蒸之，不用水。家致华分司蒸鳗最佳③。秋油、酒四六兑，务使汤浮于本身。起笼时，尤要恰好，迟则皮皱味失。

【注释】

①杀：去除之意。

②常熟顾比部：指顾震，江苏常熟人。乾隆二十八年(1763)曾任刑部主事。常熟，县名。清属苏州府。在今江苏常熟。比部，古代官署名。三国魏始设，为尚书的一个办事机关。后几代因之。隋、唐、宋属刑部，元以后废。其长官，三国魏以下为比部曹，隋初为比部侍郎，后改称比部郎；唐宋为比部郎中及员外郎。其职原掌稽核簿籍，后变为刑部所属四司之一。明清时用为刑部及其司官的通称。

③家致华分司：指袁枚族侄袁致华。袁致华曾任两淮盐运使淮南分司，故有此称。分司，官名。唐宋制度，中央之官在陪都执行政务者称分司，并无实权。清制，在盐运使下设分司，管理盐务。

【译文】

鳗鱼最忌剔出骨头烹制。因为这种鱼腥味重，不能随意烹调，而失去它的天性本味，就像鲥鱼不可去鳞一样。清煨时，取一条河鳗，洗去其身上的黏液，切成一寸左右的段，放入瓷罐中，加酒水煨烂，然后下秋油起锅，加冬天新腌芥菜做汤，多用葱、姜作料，消除腥味。常熟顾比部家，用芡粉、山药干煨，也很好。或者加作料，把鳗鱼放在盘中蒸，不加水。我家致华分司蒸的鳗鱼最佳。用秋油、酒按四六比例相混合，但一定要使汤盖过鱼身。起锅时要恰到好处，起锅迟了鱼皮就会起皱，味道也会丢失。

红煨鳗

　　鳗鱼用酒、水煨烂，加甜酱代秋油，入锅收汤煨干，加茴香、大料起锅。有三病宜戒者：一皮有皱纹，皮便不酥；一肉散碗中，箸夹不起；一早下盐豉，入口不化。扬州朱分司家①,制之最精。大抵红煨者以干为贵,使卤味收入鳗肉中。

【注释】

①扬州朱分司:不详待考。

【译文】

鳗鱼用酒、水煨到熟烂,用甜酱代替秋油,锅中汤汁煨干,再加茴香、大料便可起锅。有三种弊病应该注意戒除:一是鱼皮起皱,皮则不酥;一是肉散落碗中,筷子难夹;三是盐豉早下,鱼肉入口不化。扬州朱分司家所制作的最好。大体上红煨鳗鱼以汤汁收干为好,这样可使卤味收入鳗鱼肉中。

炸　鳗

择鳗鱼大者,去首尾,寸断之。先用麻油炸熟,取起;另将鲜蒿菜嫩尖入锅中①,仍用原油炒透,即以鳗鱼平铺菜上,加作料,煨一炷香。蒿菜分量,较鱼减半。

【注释】

①蒿菜:即茼蒿,一年生或二年生草本植物。其嫩茎叶可作蔬食,亦可入药。蒿菜古代为宫廷佳肴,又称皇帝菜。

【译文】

选择较大的鳗鱼,斩头去尾,切成一寸左右的段。先用麻油炸熟,取起;再把鲜茼蒿嫩尖放入锅中,仍用原油炒透,将鳗鱼平铺菜上,加作料,煨煮一炷香左右的时间。茼蒿的分量,比鱼肉少一半。

生炒甲鱼①

将甲鱼去骨,用麻油炮炒之,加秋油一杯、鸡汁一杯。

此真定魏太守家法也。

【注释】

①甲鱼：即鳖。

【译文】

把甲鱼骨头去掉，用麻油爆炒，加入一杯秋油、一杯鸡汁。这是真定魏太守家的烹制方法。

酱炒甲鱼

将甲鱼煮半熟，去骨，起油锅炮炒，加酱水、葱、椒，收汤成卤，然后起锅。此杭州法也。

【译文】

将甲鱼煮至半熟，去骨，然后起油锅爆炒，加酱水、葱、椒，汤干成卤，然后起锅。这是杭州人的做法。

带骨甲鱼

要一个半斤重者，斩四块，加脂油三两，起油锅煎两面黄，加水、秋油、酒煨；先武火，后文火，至八分熟加蒜，起锅用葱、姜、糖。甲鱼宜小不宜大，俗号"童子脚鱼"才嫩①。

【注释】

①童子脚鱼：尚未长大的甲鱼。脚鱼，甲鱼。

【译文】

选择一只半斤重的甲鱼，斩成四块，在锅中加三两猪油，将甲鱼块煎至两面金黄，加水、秋油、酒煨煮；先用大火，后用小火，至八分熟时，再加蒜,起锅时再放入葱、姜、糖。甲鱼宜小不宜大,俗称"童子脚鱼"的才鲜嫩。

青盐甲鱼

斩四块,起油锅炮透。每甲鱼一斤,用酒四两、大茴香三钱、盐一钱半,煨至半好,下脂油二两,切小豆块再煨,加蒜头、笋尖,起时用葱、椒,或用秋油,则不用盐。此苏州唐静涵家法。甲鱼大则老,小则腥,须买其中样者①。

【注释】

①中样:指中等之意。

【译文】

把甲鱼斩成四块,起油锅炸透。每一斤甲鱼,用四两酒、三钱大茴香、一钱半盐,煨至半熟时,加入二两猪油,把甲鱼切成小块再煨煮,加入蒜头、笋尖,起锅时加入葱、椒,如果用秋油,就不用盐。这是苏州唐静涵家中烹制法。甲鱼大则肉老,小则腥气重,要买中等大小者为好。

汤煨甲鱼

将甲鱼白煮,去骨拆碎,用鸡汤、秋油、酒煨汤二碗,收至一碗,起锅,用葱、椒、姜末糁之①。吴竹屿家制之最佳②。微用纤,才得汤腻。

【注释】

①糁(sǎn):散落,洒上。

②吴竹屿(yǔ):即吴泰来(1722—1788),字企晋,号竹屿。清长洲(今江苏苏州)人。官内阁中书,不赴。工诗词。著有《昙花阁琴

趣》《砚山堂集》《净名轩集》等。

【译文】

将甲鱼在白水中煮熟，去骨拆肉，用鸡汤、秋油、酒煨煮，把两碗汤煮成一碗，起锅，洒上葱、椒、姜末等。吴竹屿家烹制的最好。稍加点芡粉，能使汤更为浓腻。

全壳甲鱼

山东杨参将家①，制甲鱼去首尾，取肉及裙②，加作料煨好，仍以原壳覆之。每宴客，一客之前以小盘献一甲鱼。见者悚然③，犹虑其动。惜未传其法。

【注释】

①杨参将：不详待考。参将，旧武官名。明置，位次于总兵、副总兵。清因之，位次于副将。

②裙：甲鱼介壳周围的肉质软边。

③悚（sǒng）然：恐惧的样子。

【译文】

山东杨参将家，所制甲鱼去头去尾，只取甲鱼肉及甲鱼介壳周围的肉质软边，加作料煨好后，仍以甲鱼壳覆盖。每次宴客，每个客人面前都以小盘摆上一只甲鱼。客人乍见，都大吃一惊，还担心它会动。可惜制作方法没有流传下来。

鳝丝羹

鳝鱼煮半熟①，划丝去骨，加酒、秋油煨之，微用纤粉，用真金菜、冬瓜、长葱为羹②。南京厨者辄制鳝为炭，殊不可解。

【注释】

①鳝鱼：热带及暖温带鱼类，无鳞，常见者多为黄鳝。鳝鱼适应能力强，广泛分布于各地湖泊、河流、沼泽、沟渠的水体中。其肉嫩味鲜，富含卵磷脂，营养价值甚高。

②真金菜：即金针菜，是百合科植物黄花菜的花蕾干制品，又叫黄花菜，属于传统蔬菜。其色泽金黄，清香爽嫩，富含营养，具有止血、利尿、健脾、安神等功效。

【译文】

把鳝鱼煮至半熟，去骨切丝，加酒、秋油煨煮，稍用芡粉，用金针菜、冬瓜、长葱制成羹。南京厨师往往把鳝鱼烧制硬如木炭，实在令人费解。

炒　鳝

拆鳝丝炒之，略焦，如炒肉鸡之法，不可用水。

【译文】

把鳝鱼肉切成丝炒，炒至略焦，同炒鸡肉的方法一样，不可加水。

段　鳝

切鳝以寸为段，照煨鳗法煨之。或先用油炙，使坚，再以冬瓜、鲜笋、香蕈作配，微用酱水，重用姜汁。

【译文】

把鳝鱼切成一寸左右的段，按照煨鳗鱼的方法炮制。或先用油煎炸，使它变硬，再放冬瓜、鲜笋、香菇作配料，放少许酱水，多用姜汁。

虾　圆[①]

虾圆照鱼圆法。鸡汤煨之，干炒亦可。大概捶虾时，不宜过细，恐失真味。鱼圆亦然。或竟剥虾肉，以紫菜拌之，亦佳。

【注释】

①虾：生活在水中的节肢动物，种类繁多，江海河溪均有出产。虾肉鲜美，质地松软，营养价值高，食用方法多样，为常见美味优质水产食物。

【译文】

制作虾圆，可参照鱼圆的制作方法。用鸡汤煨，或者干炒也可。注意捶虾时不能过细，以免失去虾的真味。鱼圆也是一样。也可以直接剥出虾肉，以紫菜拌食，也很好。

虾　饼

以虾捶烂，团而煎之，即为虾饼。

【译文】

把虾捶烂，捏成团煎，就成了虾饼。

醉　虾

带壳用酒炙黄捞起，加清酱、米醋煨之，用碗闷之。临食放盘中，其壳俱酥。

【译文】

把带壳的虾以酒煎黄后捞起，加清酱、米醋煨煮，盛起用碗焖着。临食放盘中，虾壳也酥了。

炒　虾

炒虾照炒鱼法，可用韭配。或加冬腌芥菜，则不可用韭矣。有捶扁其尾单炒者，亦觉新异。

【译文】

炒虾可参照炒鱼方法，也可用韭菜作配料。如加上冬腌芥菜，就不可用韭菜。也有人把虾尾拍扁后单炒，亦觉新奇。

蟹

蟹宜独食，不宜搭配他物。最好以淡盐汤煮熟，自剥自食为妙。蒸者味虽全，而失之太淡。

【译文】

蟹适合单独烹食，不宜和其他食物搭配。最好用淡盐水煮熟，自剥自食为妙。蒸食味道虽然全，但失之太淡。

蟹　羹

剥蟹为羹，即用原汤煨之，不加鸡汁，独用为妙。见俗厨从中加鸭舌，或鱼翅，或海参者，徒夺其味，而惹其腥恶，劣极矣！

【译文】

剥取蟹肉作羹,最好用原汤煮,不加鸡汁,单独烹制为好。曾见一些低俗的厨师往里面加入鸭舌,或鱼翅,或海参等,不仅夺去了蟹的鲜味,而且惹上了别的腥味,恶劣之极!

炒蟹粉

以现剥现炒之蟹为佳。过两个时辰,则肉干而味失。

【译文】

炒蟹粉以现剥现炒为好。过两个时辰,蟹肉变干就失去了美味。

剥壳蒸蟹

将蟹剥壳,取肉、取黄,仍置壳中,放五六只在生鸡蛋上蒸之。上桌时完然一蟹,惟去爪脚。比炒蟹粉觉有新色。杨兰坡明府,以南瓜肉拌蟹①,颇奇。

【注释】

①南瓜:葫芦科南瓜属植物,我国各地广泛种植。其瓜肉呈金黄色,味道甘甜,是重要蔬食之一,瓜子可作零食。

【译文】

将蟹剥壳后,把蟹肉、蟹黄取出,仍放回蟹壳中,放五六只在生鸡蛋上面蒸。上菜时像完整的蟹,只是缺了脚爪。比炒蟹粉还有特色。杨兰坡明府以南瓜肉拌蟹,十分新奇。

蛤　蜊

剥蛤蜊肉,加韭菜炒之佳。或为汤亦可。起迟便枯。

【译文】

剥下蛤蜊肉,加韭菜炒甚好。做汤也可以。起锅迟则肉变老。

蚶

蚶有三吃法。用热水喷之,半熟去盖,加酒、秋油醉之①;或用鸡汤滚熟,去盖入汤;或全去其盖,作羹亦可。但宜速起,迟则肉枯。蚶出奉化县②,品在车螯、蛤蜊之上③。

【注释】

①醉:以酒浸泡。

②奉化县:今浙江奉化。

③车螯(áo):海产软体动物,蛤类,肉可食。

【译文】

蚶有三种吃法。或用热水烫一下,半熟时去盖,加酒、秋油制成醉蚶;或用鸡汤煮熟,去盖入汤;或全剥去盖,取肉作羹也可以。烹煮时要迅速起锅,迟则肉老。蚶产于奉化县,品质在车螯、蛤蜊之上。

车　螯

先将五花肉切片,用作料闷烂。将车螯洗净,麻油炒,仍将肉片连卤烹之。秋油要重些,方得有味。加豆腐亦可。车螯从扬州来,虑坏则取壳中肉,置猪油中,可以远行。有晒为干者,亦佳。入鸡汤烹之,味在蛏干之上①。捶烂车螯作饼,如虾饼样,煎吃加作料亦佳。

【注释】

①蛏(chēng):海产贝类软体动物,产于近岸海水,也可人工养殖。

肉质鲜美,也可晒制成蛏干。

【译文】

先把五花肉切成片,加作料焖烂。将车螯洗干净,用麻油炒,再将肉片连同卤汁一齐与车螯同煮。多放秋油,这样才有味道。加上一些豆腐也可以。车螯从扬州运来,担心变质,也可取出壳中之肉,放在猪油里,就可以运到较远的地方。也有晒成干品的,也很好。把车螯放入鸡汤烹煮,味道比蛏干还好。把车螯捶烂制成饼,如虾饼那样煎制,加上作料吃也很不错。

程泽弓蛏干

程泽弓商人家制蛏干,用冷水泡一日,滚水煮两日,撤汤五次。一寸之干,发开有二寸,如鲜蛏一般,才入鸡汤煨之。扬州人学之,俱不能及。

【译文】

程泽弓商人家所制的蛏干,用冷水泡一日,再用开水煮两天,其间换水五次。一寸长的蛏干可以发到二寸长,看上去如同鲜蛏一样,然后放入鸡汤里煨煮。扬州人学习这种烹制法,但都比不上程家做得好。

鲜　蛏

烹蛏法与车螯同。单炒亦可。何春巢家蛏汤豆腐之妙[1],竟成绝品。

【注释】

[1]何春巢:即何承燕(约1740—1799),字以嘉,号春巢。浙江仁和(今杭州)人。清乾隆三十九年(1774)顺天副贡,官东阳教谕。

好为诗,尤工词曲,为袁枚所激赏。撰有《春巢诗余》。

【译文】

烹制蛏子的方法与烹制车螯一样。单独炒食也可以。何春巢家所烹制的蛏汤豆腐非常好,可谓极品。

水　鸡①

水鸡去身用腿,先用油灼之,加秋油、甜酒、瓜姜起锅。或拆肉炒之,味与鸡相似。

【注释】

①水鸡:即青蛙。蛙科两栖类动物,主要栖息于河流、池塘及稻田等处,以昆虫为食。其肉质细嫩,脂肪少,糖分低,是一种理想的美味食品。

【译文】

把青蛙去掉身子,只用蛙腿,先用油炒,加秋油、甜酒、瓜姜起锅。或拆取青蛙肉炒食,味道与鸡肉相似。

熏　蛋

将鸡蛋加作料煨好,微微熏干,切片放盘中,可以佐膳。

【译文】

将鸡蛋加上作料煨熟,稍稍熏干,切成片放在盘中,可以助餐。

茶叶蛋

鸡蛋百个,用盐一两、粗茶叶煮两枝线香为度。如蛋五十个,只用五钱盐,照数加减①。可作点心。

【注释】

①照数：按比例之意。

【译文】

一百个鸡蛋，用一两盐、粗茶叶煮两支线香的时间。如果是五十个鸡蛋，只用五钱盐，按照这个比例加减。茶叶蛋可用作点心。

杂素菜单

　　素菜类食肴通常指用豆制品、蔬菜、菌类、笋类、藻类及干鲜果品等植物原料烹制的菜肴。随着魏晋南北朝时期佛教的传入,素菜逐步发展,自成一体,成为中国饮食文化的重要组成部分。

　　袁氏《杂素菜单》中,其素菜饮食烹饪制作,花色繁多,制作考究,体现了较高的饮食工艺水平。

　　首先,篇中所介绍的素菜体现了宫廷素菜特色。如"蒋侍郎豆腐""杨中丞豆腐"等,"王太守八宝豆腐"更表明是御赐宫廷食方。"用嫩片切粉碎,加香蕈屑、蘑菇屑、松子仁屑、瓜子仁屑、鸡屑、火腿屑,同入浓鸡汁中,炒滚起锅。用腐脑亦可。用瓢不用箸。孟亭太守云:'此圣祖赐徐健庵尚书方也。尚书取方时,御膳房费一千两。'太守之祖楼村先生,为尚书门生,故得之。"其素菜制作配料繁多,荤素结合,显示了其气派。

　　其次,素菜饮食烹制,也可以多种烹饪方式炮制。袁氏本单中,就包括煮、炒、羹、煨等多种方式。篇中所介绍的素菜,既有以动物油调制,也有以动物原料伴素菜,如鸡丝、虾米、火腿等。有些菜肴也是亦素亦荤,难分主次。如"茭白","茭白炒肉、炒鸡俱可。切整段,酱、醋炙之,尤佳。煨肉亦佳。须切片,以寸为度"。也可作冷拌小食,如"石发","夏日用麻油、醋、秋油拌之,亦佳"。有些素食菜肴,色香味形俱全，表现了较高的烹饪技法。如"素烧鹅"，"煮烂山药，切寸为段，腐皮包，入油煎之，加秋油、酒、糖、瓜姜，以色红为度"。

最后，袁氏本单中也反映了当时素菜食用范围广泛，不仅有人工种植加工的素菜食品，也有野生素菜入馔，如"蕨菜""珍珠菜"等，属于山地野生植物。

菜有荤素，犹衣有表里也。富贵之人，嗜素甚于嗜荤。作《素菜单》。

【译文】

菜有荤有素，犹如衣服有表有里。富贵人家，喜欢吃素胜于吃荤。因而作《素菜单》。

蒋侍郎豆腐

豆腐两面去皮，每块切成十六片，晾干。用猪油熬，清烟起才下豆腐①，略洒盐花一撮，翻身后，用好甜酒一茶杯，大虾米一百二十个②。如无大虾米，用小虾米三百个。先将虾米滚泡一个时辰，秋油一小杯，再滚一回，加糖一撮，再滚一回，用细葱半寸许长，一百二十段，缓缓起锅。

【注释】

①清烟：油在锅中加热时产生的一股淡淡升腾的油烟。

②虾米：指干虾仁，即把虾仁加工成干品，肉质厚实鲜美，也有较高的营养价值。

【译文】

把豆腐两面去皮，每块切成十六片，晾干。以猪油起油锅，烧至起青烟时把豆腐放入锅中,略洒小撮盐花,再把豆腐翻身,用一杯好甜酒,一百二十个大虾米。如果没有大虾米,可用三百个小虾米。先把虾米滚泡一个时辰,加秋油一小杯,再滚一回,加一撮糖,再滚一回,把细葱切成半寸左右,共一百二十段放入锅中,之后慢慢起锅。

杨中丞豆腐

用嫩豆腐,煮去豆气,入鸡汤,同鳆鱼片滚数刻,加糟油、香蕈起锅。鸡汁须浓,鱼片要薄。

【译文】

把嫩豆腐煮去豆气,放进鸡汤中,同鳆鱼片一齐滚煮一会,再加糟油、香菇起锅。鸡汁要浓厚,鳆鱼片要切薄。

张恺豆腐①

将虾米捣碎,入豆腐中,起油锅,加作料干炒。

【注释】

①张恺:字东皋,袁枚友人。在袁枚《小仓山房尺牍》中有《为张东皋太夫人祝寿》一文。

【译文】

将虾米捣碎放入豆腐中,起油锅,加作料干炒。

庆元豆腐①

将豆豉一茶杯,水泡烂,入豆腐同炒起锅。

【注释】

①庆元:地名,在今浙江丽水。

【译文】

将一茶杯豆豉,用水泡烂,放入豆腐中同炒起锅。

芙蓉豆腐

用腐脑①,放井水泡三次,去豆气,入鸡汤中滚,起锅时加紫菜、虾肉。

【注释】

①腐脑:即豆腐脑,是著名的汉族传统小食。豆腐脑和豆花一样,都是豆腐制品的中间产物。在豆腐制作过程中,豆腐脑最先出来,比较软嫩。豆腐脑再稍凝固,便成为豆花。把豆花放入模具中再压实凝固便成为豆腐。豆腐脑也是高养分豆制食品,一般可分为咸、甜两种食用方法。

【译文】

把豆腐脑放在井水中泡三次,去除豆腥气,放入鸡汤中滚煮,起锅时加紫菜、虾肉。

王太守八宝豆腐

用嫩片切粉碎,加香蕈屑、蘑菇屑、松子仁屑、瓜子仁屑、鸡屑、火腿屑,同入浓鸡汁中,炒滚起锅。用腐脑亦可。用瓢不用箸。孟亭太守云①:"此圣祖赐徐健庵尚书方也②。尚书取方时,御膳房费一千两③。"太守之祖楼村先生④,为尚书门生,故得之。

【注释】

①孟亭太守:即王箴舆(1693—1758),字敬倚,号孟亭。江南宝应

（今属江苏）人。康熙五十一年（1712）进士，知卫辉府事，多惠政。与袁枚交好。著有《孟亭诗文集》。

②圣祖：即康熙皇帝（1654—1722），清朝第四位皇帝。1661年继位，在位六十多年，是中国历史上在位时间最长的皇帝，被尊为"千古一帝"。庙号圣祖。徐健庵（1631—1694）：字原一。江南昆山（今属江苏）人。历官内阁学士、左都御史、刑部尚书。学问渊博，曾充日讲起居注官、经筵讲官。著有《读礼通考》。尚书：古代中央官职名称，始于秦，原为掌文书及群臣章奏。清朝时期，六部和理藩院等部门的主官称为尚书。

③御膳房：清朝中央机构部门，掌握官内备办饮食以及典礼筵宴所用酒席等事务的机构，隶属内务府。

④楼村先生：即王式丹（1645—1718），字方若，一字楼村。江南宝应（今属江苏）人。康熙四十二年（1703）状元及第，授编修，修书武英殿。曾先后参与大型类书《佩文韵府》和《渊鉴类函》的修纂工作。工诗。著有《楼村诗集》。

【译文】

把嫩片豆腐切碎，加香菇屑、蘑菇屑、松子仁屑、瓜子仁屑、鸡肉屑、火腿屑，同入浓鸡汁中，炒滚起锅。用豆腐脑制作也可以。吃时用瓢不用筷。孟亭太守说："这是圣祖康熙皇帝赐给徐健庵尚书的食方。尚书取方时，支付了御膳房一千两银子。"太守祖父楼村先生，是徐健庵尚书的学生，因此得到此食谱。

程立万豆腐

乾隆廿三年①，同金寿门在扬州程立万家食煎豆腐②，精绝无双。其腐两面黄干，无丝毫卤汁，微有车螯鲜味。然盘中并无车螯及他杂物也。次日告查宣门③，查曰："我能之！

我当特请。"已而,同杭堇浦同食于查家④,则上箸大笑,乃纯
是鸡、雀脑为之,并非真豆腐,肥腻难耐矣。其费十倍于程,
而味远不及也。惜其时余以妹丧急归,不及向程求方。程
逾年亡。至今悔之。仍存其名,以俟再访。

【注释】

①乾隆廿三年:1758 年。

②金寿门:即金农(1687—1764),字寿门,又字司农,号冬心先生。
浙江钱塘(今杭州)人。金农画、书、诗皆神妙绝俗,深得古法。
著有《金寿门遗集十种》《冬心先生集》等。程立万:扬州盐商。

③查宣门:不详待考。

④杭堇浦:即杭世骏(1696—1773,一说 1695—1772),字大宗,号堇
浦。浙江仁和(今杭州)人。乾隆时召试博学鸿词,授翰林院编
修。工史学,能诗文。著有《续礼记集说》《石经考异》《史记考
证》《三国志补注》等。

【译文】

　　乾隆二十三年,和金寿门在扬州程立万家吃煎豆腐,味道精绝无
双。其豆腐两面黄干,没有丝毫卤汁,有点车螯的鲜味。但是盘中并没
有车螯及其他食物。第二天告诉查宣门,查说:"我可以做这道菜,并请
你们品尝。"不久,与杭堇浦一齐到查家吃饭,一起筷令人大笑,原来却
是用鸡、雀脑制作,并不是真的豆腐,肥腻难忍。其花费也十倍于程家
所制之豆腐,而味道却远远不及。可惜当时我的妹妹死了,急于回家奔
丧,来不及向程家请教制作方法。程氏过了一年也死了。至今后悔。
只能保留这个菜的名称了,等有机会再寻访这一食方。

冻豆腐

　　将豆腐冻一夜,切方块,滚去豆味,加鸡汤汁、火腿汁、

肉汁煨之。上桌时,撤去鸡、火腿之类,单留香蕈、冬笋。豆腐煨久则松,面起蜂窝,如冻腐矣。故炒腐宜嫩,煨者宜老。家致华分司,用蘑菇煮豆腐,虽夏月亦照冻腐之法,甚佳。切不可加荤汤,致失清味。

【译文】

把豆腐冷冻一夜,切成方块,水煮滚去豆腥味,加入鸡汤汁、火腿汁、肉汁一齐煨煮。上菜时,撤去鸡、火腿之类,只留下香菇、冬笋。豆腐煨煮时间长了则松,表面起蜂窝,如冻豆腐一样。因此,炒豆腐要嫩,煨豆腐要老。我家致华分司,用蘑菇煮豆腐,即使夏天也用冻豆腐的方法制作,也很好。千万不能加入荤汤,否则失去清香味。

虾油豆腐

取陈虾油,代清酱炒豆腐。须两面煤黄。油锅要热,用猪油、葱、椒。

【译文】

以陈年虾油代替清酱,煎炒豆腐。须把豆腐煎至两面发黄。油锅要热,加入猪油、葱、椒。

蓬蒿菜①

取蒿尖,用油灼瘪,放鸡汤中滚之,起时加松菌百枚②。

【注释】

①蓬蒿菜:为菊科植物茼蒿的茎叶,又名茼蒿菜。可茎叶同食,鲜

香嫩脆,营养丰富,胡萝卜素含量远超一般蔬菜。

②松菌:即松茸,为松、栎等树木外生菌根真菌,具有独特浓郁香味。含有多种营养成分与活性物质,是名贵的药用菌和食用菌。食用味道鲜美,润滑爽口。药用则有强精补肾、健脑益智及抗癌之效。

【译文】

将蓬蒿菜嫩尖用油炒瘪,放入鸡汤中滚煮,起锅时加进一百个松菌。

蕨　菜①

用蕨菜,不可爱惜,须尽去其枝叶,单取直根,洗净煨烂,再用鸡肉汤煨。必买矮弱者才肥。

【注释】

①蕨菜:凤尾科植物蕨菜的嫩叶,营养价值很高,含有多种维生素和矿物质,可作高档菜肴的原料。

【译文】

使用蕨菜时,不要舍不得,必须把枝叶尽量去掉,只留下直根,洗干净煨烂,再用鸡肉汤煨煮。选买矮秆的蕨菜才肥嫩。

葛仙米①

将米细检淘净,煮半烂,用鸡汤、火腿汤煨。临上时,要只见米,不见鸡肉、火腿搀和才佳。此物陶方伯家②,制之最精。

【注释】

①葛仙米:即地耳,属于水生藻类植物。相传东晋葛洪以此献给皇

帝,太子食后病除体壮,皇帝赐名葛仙米。

②陶方伯:即陶易(1714—1778),字经初,号悔轩。山东威海人。历任湖南浏阳、衡阳等县知县。乾隆二十九年(1764)擢山西直隶平定州知州,四十一年(1776)擢江苏布政使。为政清廉,多有政绩。袁枚曾作诗悼念陶母。方伯,明清时布政使均称"方伯"。

【译文】

将葛仙米仔细清洗干净,煮至半烂时,再用鸡汤、火腿汤煨煮。上菜时,只见葛仙米,不掺和鸡肉、火腿才好。陶方伯家所烹制的葛仙米最为精妙。

羊肚菜①

羊肚菜出湖北。食法与葛仙米同。

【注释】

①羊肚菜:即羊肚菌,表面呈蜂窝状,酷似羊肚,故名。

【译文】

羊肚菜产自湖北。吃法与葛仙米一样。

石　发①

制法与葛仙米同。夏日用麻油、醋、秋油拌之,亦佳。

【注释】

①石发:生在水边石上的苔藻。

【译文】

石发烹制与葛仙米相同。夏天以麻油、醋、秋油拌食,也好。

珍珠菜①

制法与蕨菜同。上江新安所出②。

【注释】

①珍珠菜：菊科植物，可作蔬菜食用。其花小，白色如同串串珍珠，故名珍珠菜。

②新安：指新安江，源于今安徽黄山市境内，东流入浙江西部，为钱塘江水系干流上游段。

【译文】

珍珠菜的制作方法与蕨菜相同。新安江上游出产。

素烧鹅

煮烂山药，切寸为段，腐皮包①，入油煎之，加秋油、酒、糖、瓜姜，以色红为度。

【注释】

①腐皮：四方形的薄干豆腐。

【译文】

煮烂山药，切成一寸长短的段，用腐皮包裹，在油锅中煎炸，然后加入秋油、酒、糖、瓜姜等，烧煮至颜色红亮为好。

韭

韭，荤物也。专取韭白①，加虾米炒之便佳。或用鲜虾亦可，蚬亦可②，肉亦可。

【注释】

①韭白：韭菜茎。

②蚬(xiǎn)：软体动物，介壳圆形，肉可食。

【译文】

韭菜，属于荤菜。只用韭白，加上虾米炒就很好。也可以用鲜虾搭配，蚬和猪肉也可以。

芹

芹，素物也，愈肥愈妙。取白根炒之，加笋，以熟为度。今人有以炒肉者，清浊不伦。不熟者，虽脆无味。或生拌野鸡，又当别论。

【译文】

芹菜，属于素菜，越肥壮越好。选取白根炒，加上笋，以熟为好。现在有人以芹菜炒肉，清浊不分，不伦不类。炒不熟者，虽脆无味。或有生拌野鸡而食，则又当别论。

豆　芽[1]

豆芽柔脆，余颇爱之。炒须熟烂，作料之味，才能融洽。可配燕窝，以柔配柔，以白配白故也。然以极贱而陪极贵，人多嗤之[2]。不知惟巢、由正可陪尧、舜耳[3]。

【注释】

①豆芽：指以豆类种子培育出可以食用的芽菜，称为“活体蔬菜”，营养丰富，味道爽甜。

②嗤：讥笑。

③巢、由:指巢父与许由,古代隐士。相传尧要把君位让给他们,他
　们都隐居不受。尧、舜:唐尧和虞舜,远古部落联盟首领,后多作
　为圣君典范。

【译文】

豆芽柔脆,我很喜欢。炒时一定要熟烂,调料的味道才能融进菜
中。豆芽可以配燕窝,以柔配柔,以白配白之故。然以极便宜的东西配
极昂贵的东西,人们多讥笑这种搭配。殊不知只有巢父、许由这样的隐
士才可以陪伴尧、舜这样的君主。

茭　白①

茭白炒肉、炒鸡俱可。切整段,酱、醋炙之,尤佳。煨肉
亦佳。须切片,以寸为度。初出太细者无味。

【注释】

①茭白:禾本科菰属多年生浅水草本,一种常见的水生蔬菜。粗大
　肥嫩,类似竹笋,美味鲜脆。其种实又称菰米,可作饭食,具有营
　养保健价值。

【译文】

用茭白炒肉、炒鸡都可以。把茭白切成段,以酱、醋清炒,味道特别
好。茭白煨肉也不错。但茭白必须切成片,以一寸大小为好。刚长出
太细嫩的茭白没有味道。

青　菜①

青菜择嫩者,笋炒之。夏日芥末拌,加微醋,可以醒胃。
加火腿片,可以作汤。亦须现拔者才软。

【注释】

①青菜：一般指小白菜、青梗白菜。叶可供为蔬菜用，是我国最普遍的蔬菜之一。

【译文】

选择嫩青菜，与笋同炒。夏日以芥末拌，加点醋，可以开胃。也可以加火腿片做汤。也必须是现拔的青菜才软嫩。

台　菜

炒台菜心最懦①，剥去外皮，入蘑菇、新笋作汤。炒食加虾肉，亦佳。

【注释】

①懦（nuò）：柔软，这里指柔嫩。

【译文】

将台菜心炒到非常柔嫩，剥去外皮，放入蘑菇、新笋制作成汤。加上虾肉炒食也很好。

白　菜①

白菜炒食，或笋煨亦可。火腿片煨、鸡汤煨俱可。

【注释】

①白菜：我国食用最为普遍的传统蔬菜。种类繁多，南北盛产。富含各种微量元素、维生素等，也有丰富的粗纤维。食用爽甜，润肠排毒，可益胃生津，清热除烦。

【译文】

白菜炒食，或与笋煨焖也可以。用火腿片或鸡汤煨也可以。

黄芽菜①

　　此菜以北方来者为佳。或用醋搂，或加虾米煨之，一熟便吃，迟则色、味俱变。

【注释】

①黄芽菜：大白菜的一种。

【译文】

黄芽菜以北方产的为好。或用醋熘，或加虾米煨焖，煮熟即食，迟了颜色、味道都会变。

瓢儿菜①

　　炒瓢菜心，以干鲜无汤为贵。雪压后更软。王孟亭太守家②，制之最精。不加别物，宜用荤油。

【注释】

①瓢儿菜：蔬菜名。主要分布在我国长江流域，以经霜雪后味甜鲜
　美而著称于我国江南地区。

②王孟亭：即王箴舆（1693—1758）。太守：古代官职，明清时期则
　专称知府。

【译文】

炒瓢菜心，以干鲜无汤为好。被雪压过的菜炒制更为软嫩。王孟亭太守家此菜做得最好。不用加其他东西，最好用动物油炒。

菠　菜①

　　菠菜肥嫩，加酱水、豆腐煮之。杭人名"金镶白玉板"是

也。如此种菜虽瘦而肥，可不必再加笋尖、香蕈。

【注释】

①菠菜：一年生草本植物，原产伊朗。在我国是最普遍常见的食用
  蔬菜之一。

【译文】

菠菜肥嫩，加酱水、豆腐一起煮。杭州人称之为"金镶白玉板"。这
种菜虽瘦弱但味道厚重，可不必再加笋尖、香菇。

蘑　菇

蘑菇不止作汤，炒食亦佳。但口蘑最易藏沙，更易受
霉，须藏之得法，制之得宜。鸡腿蘑便易收拾①，亦复讨好。

【注释】

①鸡腿蘑：菇类。味道鲜美，主要营养成分为蛋白质，脂肪含量低，
  含有人体必需的钙、钾、钠、镁、磷等微量元素。

【译文】

蘑菇不仅可以做汤，炒食也很好。但口蘑里面最容易藏沙，更容易
变霉，必须收藏得法，烹制得当。鸡腿蘑容易收拾，也容易做出美味食肴。

松　菌

松菌加口蘑炒最佳。或单用秋油泡食，亦妙。惟不便
久留耳，置各菜中，俱能助鲜。可入燕窝作底垫，以其嫩也。

【译文】

松菌与口蘑同炒最好。或单独用秋油泡食，也很好。只是不能长

时间存放,把它放入其他菜中,能增加菜肴鲜味。也可放进燕窝里作底
垫,因为它比较嫩之故。

面筋二法^①

一法面筋入油锅炙枯,再用鸡汤、蘑菇清煨。一法不
炙,用水泡,切条入浓鸡汁炒之,加冬笋、天花^②。章淮树观
察家^③,制之最精。上盘时宜毛撕^④,不宜光切。加虾米泡
汁,甜酱炒之,甚佳。

【注释】

①面筋:把面粉加水后沥去淀粉,剩下的有韧性的一种素食品。

②天花:即天花菜。山西五台山地区出产的食用蘑菇,又称台蘑。

③章淮树:即章攀桂(1736—1803),字淮树,号华国。安徽桐城人。
乾隆中,任甘肃知县,累晋江苏苏松太兵备道。多才多艺,尤精
堪舆之学。曾为张宗道《地理全书》作注。

④毛撕:粗略地撕开。

【译文】

面筋的制作方法,一种方法是把面筋放入油锅中炸至焦干,再用鸡
汤、蘑菇清煨。一种方法是不炸,先用水泡,之后切成条加入浓鸡汁炒,
加入冬笋、天花菜等。章淮树观察家所制面筋,制作最精。上盘时撕
开,不应以刀切。加入虾米泡汁后,放些甜酱炒,也很好。

茄二法^①

吴小谷广文家,将整茄子削皮,滚水泡去苦汁,猪油炙
之。炙时须待泡水干后,用甜酱水干煨,甚佳。卢八太爷
家,切茄作小块,不去皮,入油灼微黄,加秋油炮炒,亦佳。

是二法者，俱学之而未尽其妙。惟蒸烂划开，用麻油、米醋拌，则夏间亦颇可食。或煨干作脯，置盘中。

【注释】

①茄：一年生草本植物，茄属瓜类食品。我国各地均有培植，其形状大小不一，或长或圆，颜色以紫、白、红为多。可供蔬食，有降血脂血压，抗衰老的功用。

【译文】

吴小谷广文家，把整个茄子削皮，以滚水泡去苦汁，以猪油煎炸。须待泡水干后才煎炸，再用甜酱水干煨，非常好。卢八太爷家则把茄切作小块，不削皮，入油锅煎炸微黄，加秋油爆炒，也很好。这两种方法，我都学习过，但都未能掌握其真谛。只有蒸烂茄子划开，用麻油、米醋拌食，在夏天吃也不错。或煨干做成茄脯，放置盘中。

苋　羹①

苋须细摘嫩尖，干炒，加虾米或虾仁，更佳。不可见汤。

【注释】

①苋(xiàn)：一年生草本植物，茎叶可作蔬菜食用，其根及果实可入药，有明目利便尿之功效。

【译文】

苋菜必须摘取嫩尖，干炒，加虾米或虾仁，更好。不可加水见汤。

芋　羹

芋性柔腻，入荤入素俱可。或切碎作鸭羹，或煨肉，或同豆腐加酱水煨。徐兆璜明府家①，选小芋子，入嫩鸡煨汤，妙极！惜其制法未传。大抵只用作料，不用水。

【注释】

①徐兆璜明府：不详待考。

【译文】

芋头特性柔腻，配荤配素均可以。也有把芋头切碎作鸭羹，或者煨肉，也有与豆腐加酱水共煨。徐兆璜明府家，挑选小芋子，与嫩鸡一齐煨汤，非常好！可惜这种做法没有流传下来。大概只用作料，不用加水。

豆腐皮

将腐皮泡软，加秋油、醋、虾米拌之，宜于夏日。蒋侍郎家入海参用，颇妙。加紫菜、虾肉作汤①，亦相宜。或用蘑菇、笋煨清汤，亦佳。以烂为度。芜湖敬修和尚，将腐皮卷筒切段，油中微炙，入蘑菇煨烂，极佳。不可加鸡汤。

【注释】

①紫菜：生长于浅海岩石上的藻类植物，紫色，被称为"海上蔬菜"，种类繁多，也可人工养殖。富含蛋白质及碘、钙等元素，可供食用与药用。

【译文】

先将豆腐皮泡软，加秋油、醋、虾米拌食，适合夏天食用。蒋侍郎家在豆腐皮中加入海参，味道很好。加紫菜、虾肉作汤，也合适。或者用蘑菇、笋煨清汤也好。以煨烂为度。芜湖敬修和尚，将豆腐皮卷成筒切段，放入油锅中微炸，再放蘑菇煨煮至烂，极好。不可加鸡汤。

扁　豆①

取现采扁豆，用肉、汤炒之，去肉存豆。单炒者油重为佳。以肥软为贵。毛糙而瘦薄者，瘠土所生，不可食。

【注释】

①扁豆：豆科植物扁豆的种子，可供蔬食。也可作药用。具健脾和中、消暑化湿之功。

【译文】

将新鲜采摘的扁豆，用肉与汤炒，炒熟后去肉存豆。单独炒扁豆要多加油为好。扁豆，以肥嫩柔软的为好。毛糙而瘦薄的扁豆，是贫瘠土地所产，不好吃。

瓠子、王瓜①

将鲔鱼切片先炒，加瓠子，同酱汁煨。王瓜亦然。

【注释】

①瓠（hù）子：葫芦科植物。果实直长，瓜肉白色，柔软多汁，可作蔬菜食用。王瓜：多年生草本植物。果实可作食用，果实与种子还可作药用，具清热生津、化痰通乳之功。

【译文】

将鲔鱼切片先炒，加瓠子，用酱汁煨。王瓜也可以这样烹制。

煨木耳、香蕈①

扬州定慧庵僧②，能将木耳煨二分厚，香蕈煨三分厚。先取蘑菇熬汁为卤。

【注释】

①木耳：真菌类食物。既有野生采集，也可人工栽培。其味道鲜
　美，可荤可素，营养丰富，具益气强身，活血通肠之药用功效。

②扬州定慧庵：今已不存。

【译文】

扬州定慧庵僧人，能将木耳煨成二分厚，香菇煨成三分厚。先取蘑
菇熬汁成卤。

冬　瓜

冬瓜之用最多。拌燕窝、鱼肉、鳗、鳝、火腿皆可。扬州
定慧庵所制尤佳。红如血珀①，不用荤汤。

【注释】

①血珀：血红色琥珀。

【译文】

冬瓜之用最多。配拌燕窝、鱼肉、鳗、鳝、火腿都可以。扬州定慧庵
制作得特别好。红如血色琥珀，不用加入荤汤。

煨鲜菱①

煨鲜菱，以鸡汤滚之。上时将汤撤去一半。池中现起
者才鲜，浮水面者才嫩。加新栗、白果煨烂②，尤佳。或用糖
亦可。作点心亦可。

【注释】

①菱：即菱角，一年生浮水水生草本植物。富含淀粉，可供食用或
　酿酒。

②白果：银杏科植物银杏的种仁。白果富含多种营养素，药用价值
　　颇高，具有滋阴养颜抗衰老的作用。

【译文】

　　煨煮鲜菱，用鸡汤烧煮。上菜时将汤撤去一半。从池中现摘的才新鲜，浮在水面的才嫩。加上新栗子与白果一齐煨煮至烂，特别好。或用糖煨亦可。作点心也可以。

豇　豆^①

　　豇豆炒肉，临上时，去肉存豆。以极嫩者，抽去其筋。

【注释】

①豇（jiāng）豆：即豆角，豆科植物。其豆荚豆粒，味道鲜美，可作
　　蔬食。其食用方法多样，可炒可煮，其种子也可煮粥制酱等。

【译文】

　　豇豆炒肉，将要上菜时，把肉去掉只存豆在盘中。豇豆要用非常嫩的，把筋抽去。

煨三笋

　　将天目笋、冬笋、问政笋^①，煨火鸡汤，号"三笋羹"。

【注释】

①天目笋：杭州天目山出产的竹笋。问政笋：安徽歙县问政山所产
　　竹笋。

【译文】

　　将天目笋、冬笋、问政笋一起用鸡汤煨煮，号称"三笋羹"。

芋煨白菜

芋煨极烂,入白菜心,烹之,加酱水调和,家常菜之最佳者。惟白菜须新摘肥嫩者,色青则老,摘久则枯。

【译文】

把芋头煨烂,再加入白菜心烹煮,加酱水调和,这是最好的家常菜。只是白菜一定要新鲜采摘的才肥嫩,色青者已长老,摘下时间长也会干枯。

香珠豆①

毛豆至八九月间晚收者,最阔大而嫩,号"香珠豆"。煮熟以秋油、酒泡之。出壳可,带壳亦可,香软可爱。寻常之豆,不可食也。

【注释】

①香珠豆:即毛豆,一般是指新鲜连荚的黄豆,晒干后称为大豆。富含多种营养,可供直接食用,也可用来制作酱、酱油及各种豆制食品。

【译文】

八九月间晚收的毛豆,最肥大鲜嫩,号称"香珠豆"。煮熟后用秋油、酒泡。剥壳食也可,带壳食也可,香软可爱。一般普通的豆子,不可食。

马 兰①

马兰头菜,摘取嫩者,醋合笋拌食。油腻后食之,可以醒脾。

【注释】

①马兰:多年生草本植物,幼叶可食用,称为"马兰头"。炒煮、凉拌
　均可。

【译文】

马兰头菜,摘取嫩叶,加醋配笋拌食。吃了油腻食物后吃它,可以
醒脾胃。

杨花菜①

　南京三月有杨花菜,柔脆与菠菜相似,名甚雅。

【注释】

①杨花菜:不详。

【译文】

南京三月所产杨花菜,如菠菜一样柔脆,菜名十分雅致。

问政笋丝

　问政笋,即杭州笋也。徽州人送者①,多是淡笋干,只好
泡烂切丝,用鸡肉汤煨用。龚司马取秋油煮笋②,烘干上桌,
徽人食之,惊为异味。余笑其如梦之方醒也。

【注释】

①徽州:古地名。在今安徽黄山地区。
②龚司马:疑指袁枚门生龚如璋,号云若。因曾做过一任同知(知
　府佐知),故此呼为龚司马。司马,明清对同知的雅称。

【译文】

问政笋,就是杭州笋。徽州人送给别人的,多是淡笋干,只好用水
泡软之后切丝,以鸡汤煨食。龚司马用秋油煮笋,烘干后上桌,徽州人

吃了，惊叹这道菜的奇异美味。我笑他们简直是如梦初醒。

炒鸡腿蘑菇

芜湖大庵和尚[①]，洗净鸡腿，蘑菇去沙，加秋油、酒炒熟，盛盘宴客，甚佳。

【注释】

①芜湖：今安徽芜湖市，别称江城。

【译文】

芜湖大庵和尚，把鸡腿洗净，蘑菇去沙，加上秋油、酒一起炒熟，盛到盘中宴请客人，非常好。

猪油煮萝卜

用熟猪油炒萝卜，加虾米煨之，以极熟为度。临起加葱花，色如琥珀。

【译文】

先以熟猪油炒萝卜，再加虾米煨煮，以熟烂为好。临上菜时加葱花，色如琥珀。

小菜单

　　袁氏《小菜单》主要介绍佐食醒胃的辅助食物,即饮食小菜。所谓"小菜佐食,如府史胥徒佐六官也。醒脾解浊,全在于斯",类似现代饮食生活中咸菜、腌菜一类的小菜。通常选择一些耐藏抗压、肉质坚实的瓜蔬作为制作原料。

　　袁氏本单小菜主要分为笋类食品、瓜类食品、菜类食品几类。或有以盐腌制,或有以酱腌制,也有以糟腌制,"取腌过风瘪菜,以菜叶包之,每一小包,铺一面香糟,重叠放坛内。取食时,开包食之,糟不沾菜,而菜得糟味"。也有以醋炮制酸菜,"冬菜心风干微腌,加糖、醋、芥末,带卤入罐中,微加秋油亦可。席间醉饱之余,食之醒脾解酒"。也有腌酱后再风干,如"芥头","芥根切片,入菜同腌,食之甚脆。或整腌,晒干作脯,食之尤妙"。又"茭瓜脯","茭瓜入酱,取起风干,切片成脯"。总之,根据不同的原料,不同的时令,炮制各种不同风味的小菜,以满足不同的饮食需要。

　　袁氏篇中还记录了糟油、虾油、喇虎酱等调味品,以及咸蛋及腐乳的制作,反映了当时食品发酵与食品工艺已具有相当的科学技术水平。

　　小菜佐食,如府史胥徒佐六官也^①。醒脾解浊,全在于斯。作《小菜单》。

【注释】

①府史胥徒：指衙门中地位低下的吏员，包括一般文职的吏员与服役的里胥。六官：即六卿之官，应指级别较高的官员。

【译文】

小菜是用来佐食的，正如官府中各种各样的小官吏辅助六官一样。小菜能够醒脾胃，去除污浊，作用就在于此。因此作《小菜单》。

笋 脯

笋脯出处最多，以家园所烘为第一。取鲜笋加盐煮熟，上篮烘之。须昼夜环看，稍火不旺则溲矣。用清酱者，色微黑。春笋、冬笋皆可为之。

【译文】

出产笋脯的地方非常多，以我家园林里烤烘出产的为最好。取鲜笋加盐煮熟后，上篮烤制。制作时须昼夜不停地来回查看，火稍不旺就会变质。加入清酱的竹笋，颜色微黑。春笋、冬笋都可以作笋脯。

天目笋

天目笋多在苏州发卖。其篓中盖面者最佳，下二寸便搀入老根硬节矣。须出重价，专买其盖面者数十条，如集狐成腋之义①。

【注释】

①集狐成腋：当为"集腋成裘"。比喻积少成多。腋，指狐狸腋下的毛皮。裘，皮衣。

【译文】

天目笋多在苏州出售。其放在篓中表面的质量最好，二寸下面就掺入老根节的老笋。必须以高价购买放在面上的数十条笋，如同集腋成裘之意，以积少成多。

玉兰片①

以冬笋烘片，微加蜜焉。苏州孙春杨家有盐、甜二种②，以盐者为佳。

【注释】

①玉兰片：以冬笋制成的笋干，因其外形色泽有如玉兰之花故名。极香。

②孙春杨：疑为"孙春阳"。钱泳《履园丛话·杂记下·孙春阳》："（孙春阳南货铺）自明至今已二百三四十年，子孙尚食其利，无他姓顶代者。"

【译文】

以冬笋烤制，加了一点蜂蜜。苏州孙春阳家有咸、甜两种，以咸味为好。

素火腿

处州笋脯①，号"素火腿"，即处片也。久之太硬，不如买毛笋自烘之为妙。

【注释】

①处州：在今浙江丽水。

【译文】

处州所产笋脯，号为"素火腿"，即处片。放久了就会很硬，不如买毛笋自己炮制为好。

宣城笋脯

宣城笋尖①，色黑而肥，与天目笋大同小异，极佳。

【注释】

①宣城：今安徽宣城。

【译文】

宣城所产笋尖，色黑肥厚，与天目笋大同小异，极好。

人参笋

制细笋如人参形，微加蜜水。扬州人重之，故价颇贵。

【译文】

把细笋制作成人参形状，微加蜂蜜水。扬州人特别看重这种笋，所以价格颇贵。

笋　油

笋十斤，蒸一日一夜，穿通其节，铺板上，如作豆腐法，上加一板压而榨之，使汁水流出，加炒盐一两，便是笋油。其笋晒干仍可作脯。天台僧制以送人。

【译文】

用十斤笋，蒸一日一夜，穿通笋节，铺在板上，如制作豆腐的方法，上面加木板压榨,使汁水流出,加上炒盐一两,便成为笋油。其笋晒干后仍可作脯。天台僧人常制之以送人。

糟　油

糟油出太仓州^①,愈陈愈佳。

【注释】

①太仓州:明弘治十年(1497)以太仓卫、镇海卫改置,属苏州府。治所即今江苏太仓。清雍正二年(1724)升为直隶州。

【译文】

糟油产自江苏太仓州,越陈年越好。

虾　油

买数斤虾子,同秋油入锅熬之,起锅用布沥出秋油^①,乃将布包虾子,同放罐中盛油。

【注释】

①沥:渗出,使渗出。

【译文】

买虾子数斤,加上秋油在锅中熬煮,起锅时用布沥出秋油,再用布把虾子包好,一起放入盛油的罐中。

喇虎酱

秦椒捣烂^①,和甜酱蒸之,可用虾米搀入。

【注释】

①秦椒：一种辣椒品名，有"椒中之王"的美誉。主要产于关中八
百里秦川。秦椒条长肉厚，颜色鲜红，辣味浓烈，为佐食配菜
佳品，也可制成各类辣酱。

【译文】

把秦椒捣烂与甜酱同蒸，可以加入虾米。

熏鱼子

　　熏鱼子色如琥珀，以油重为贵。出苏州孙春杨家①，愈
新愈妙，陈则味变而油枯。

【注释】

①孙春杨：当为"孙春阳"。

【译文】

　　熏鱼子的颜色如琥珀，以油多者为贵。苏州孙春阳家所产，越新越
好，时间一长则味变油枯。

腌冬菜、黄芽菜①

　　腌冬菜、黄芽菜，淡则味鲜，咸则味恶。然欲久放，则非
盐不可。尝腌一大坛，三伏时开之，上半截虽臭、烂，而下半
截香美异常，色白如玉，甚矣！相士之不可但观皮毛也②。

【注释】

①冬菜：大白菜别称。

②相士：鉴别人才。

【译文】

腌冬菜、黄芽菜，清淡则味道鲜美，咸则味道恶劣。但是要长时间存放，则非放盐不可。我曾腌过一大坛，到三伏天时开启，上半坛虽臭、烂，下半坛却味香异常，色白如玉，真奇异！所以看人不能只看外表。

莴　苣①

食莴苣有二法：新酱者，松脆可爱；或腌之为脯，切片食甚鲜。然必以淡为贵，咸则味恶矣。

【注释】

①莴苣（wō jù）：一年或二年生草本。味道鲜甜，口感爽脆，是一种常见蔬菜，我国各地均有栽植。

【译文】

食莴苣有两种方法：新酱制的莴苣，松脆可口；若腌制成脯，切片食很鲜嫩。但是一定要以淡为好，咸了味道就坏了。

香干菜

春芥心风干①，取梗淡腌，晒干，加酒，加糖，加秋油，拌后再加蒸之，风干入瓶。

【注释】

①春芥：即芥菜，一年生草本植物。其品种繁多，均统称为芥菜。其食用方法多样，可作新鲜蔬食，也可腌为咸菜与干菜，种子还可榨制芥子油。

【译文】

把芥菜心风干，取梗略加盐腌制，晒干，加酒，加糖，加秋油，拌后再蒸熟,风干之后放入瓶中。

冬 芥

冬芥名雪里红①。一法整腌,以淡为佳;一法取心风干,斩碎,腌入瓶中,熟后杂鱼羹中,极鲜。或用醋煨,入锅中作辣菜亦可,煮鳗、煮鲫鱼最佳。

【注释】

①雪里红:亦称"雪里蕻"。一年生草本植物,芥菜的变种。叶子长圆形,有锐锯齿及缺刻。雪天诸菜冻损,此菜独青,故名。

【译文】

冬芥又名雪里红。一种方法是整棵腌制,以淡为好;一种方法是取心风干,切碎,在瓶中腌制,腌后放在鱼羹中食用,十分鲜美。或用醋煨煮,也可放入锅中作辣菜,煮鳗鱼、鲫鱼时最佳。

春 芥

取芥心风干、斩碎,腌熟入瓶,号称"挪菜"。

【译文】

取芥菜心风干、切碎,腌熟后放在瓶中,号为"挪菜"。

芥 头

芥根切片,入菜同腌,食之甚脆。或整腌,晒干作脯,食之尤妙。

【译文】

把芥根切片,和芥菜一起腌,食时十分爽脆。或将整棵芥菜一齐腌制,晒干后制作成脯,吃起来特别好。

芝麻菜

腌芥晒干,斩之碎极,蒸而食之,号"芝麻菜"。老人所宜。

【译文】

腌芥菜晒干后,切得极碎,蒸熟食之,称为"芝麻菜"。适合老人食用。

腐干丝①

将好腐干切丝极细,以虾子、秋油拌之。

【注释】

①腐干:即豆腐干,我国传统豆制品。豆腐经再加工而成,含水量少,营养丰富,咸香爽口,硬中带韧,便于久存。可以做凉菜及烹制食肴之用。

【译文】

将好的豆腐干切成细丝,以虾子、秋油拌食。

风瘪菜

将冬菜取心风干①,腌后榨出卤,小瓶装之,泥封其口,倒放灰上。夏食之,其色黄,其臭香②。

【注释】

①冬菜：一种半干态发酵性腌制食品，多以大白菜或芥菜等为制作
原料。多用作汤料或蒸炒而食，风味独特鲜美。富含营养，具有
开胃健脑作用。

②臭：这里指气味。

【译文】

把冬菜心取出风干，腌制后榨出卤汁，以小瓶装盛，用泥封口，倒放
在灰上。这种小菜夏天吃的时候，颜色发黄，气味清香。

糟　菜

取腌过风瘪菜，以菜叶包之，每一小包，铺一面香糟，重
叠放坛内。取食时，开包食之，糟不沾菜，而菜得糟味。

【译文】

把腌好的风瘪菜，用菜叶包裹，每一小包，铺上一层香糟，层层重叠
放缸内。食用时，打开小包取菜，糟不会沾到菜上，而菜却有糟香之味。

酸　菜

冬菜心风干微腌，加糖、醋、芥末，带卤入罐中，微加秋
油亦可。席间醉饱之余，食之醒脾解酒。

【译文】

把冬菜心风干后稍腌，加糖、醋、芥末，连卤放入罐中，可以加上一
点秋油。席间酒足饭饱之时，食之可以醒脾解酒。

台菜心

取春日台菜心腌之，榨出其卤，装小瓶之中，夏日食之。

风干其花，即名菜花头，可以烹肉。

【译文】

把春天台菜心腌制，挤出卤汁，装入小瓶中，夏天食用。风干菜花，也就是菜花头，可以用来煮肉。

大头菜①

大头菜出南京承恩寺②，愈陈愈佳。入荤菜中，最能发鲜。

【注释】

①大头菜：即芜菁，二年生草本植物。块状根，有球形、扁球形等形状。其根、叶均可食用，鲜甜爽脆。

②承恩寺：据明南翰林院士王與《承恩寺记略》载："承恩禅寺在南京旧内之旁，前御用监王公瑾之故第。公既殁，改宅为寺，敕赐今额。"承恩寺建成后，曾于明成化、万历年间两次进行修缮。明葛寅亮《金陵梵刹志》记载，万历年间的承恩寺仍有"基址一百二十七丈，东至旧内门，南至三山街，西至官街，北至旧内院墙"。光绪二十五年(1899)，承恩寺遭遇了一场大火，寺宇廊阁几乎损失殆尽。

【译文】

大头菜出自南京承恩寺，时间越长越好。在荤菜中配食，特别鲜香味美。

萝　卜

萝卜取肥大者，酱一二日即吃，甜脆可爱。有侯尼能制为鲞,煎片如蝴蝶,长至丈许,连翩不断,亦一奇也。承恩寺有卖者,用醋为之,以陈为妙。

【译文】

要肥大萝卜,酱一二天即吃,甜脆可口。有侯尼能制成干鱼状,煎萝卜片如蝴蝶状,一丈多长,连成一串,亦一奇观。承恩寺有卖萝卜的,是用醋调制,时间较长为好。

乳　腐①

乳腐,以苏州温将军庙前者为佳②,黑色而味鲜。有干、湿二种。有虾子腐亦鲜,微嫌腥耳。广西白乳腐最佳。王库官家制亦妙③。

【注释】

①乳腐:即腐乳,是一种将豆腐利用微生物发酵腌制并二次加工的豆制品。其品种多样,营养丰富,既可直接食用,也可在烹调食肴中作为调味品使用。

②苏州温将军庙:在今苏州通和坊,供奉道教护法神温琼的道观。

③王库官:不详。库官,守护官府仓库的官吏,职位较低。

【译文】

腐乳,以苏州温将军庙前所出的最好,黑色且味道鲜美。有干、湿两类。有一种虾子腐乳也很鲜美,略嫌腥重。广西白腐乳最好。王库官家所制作的也很好。

酱炒三果

核桃、杏仁去皮①,榛子不必去皮②。先用油炮脆,再下酱,不可太焦。酱之多少,亦须相物而行。

【注释】

①杏仁:杏或山杏的种子,分为甜杏仁、苦杏仁两类。杏仁营养丰富,具有补脑益智、平喘镇咳之功效。广泛应用于食品、化妆品及医药领域。

②榛子:落叶灌木或小乔木。榛子果实属于干果类食品,富含各种营养物质,具有一定的药用功效,其果仁还可制作食用油或工业用油,用途广泛。

【译文】

把核桃、杏仁去皮,榛子不必去皮。先用油炸脆,再下酱,不可炸得太焦。加酱多少,根据东西的多少而定。

酱石花①

将石花洗净入酱中,临吃时再洗。一名麒麟菜。

【注释】

①石花:即石花菜,属于红藻植物,口感爽利脆嫩,既可拌凉菜,也能制作凉粉,还是提炼琼脂的主要原料。

【译文】

把石花菜洗净放入酱中,临吃时再洗。它的另一个名字叫麒麟菜。

石花糕

将石花熬烂作膏,仍用刀划开,色如蜜蜡。

【译文】

将石花菜熬烂作膏,吃时用刀划开,色如蜜蜡。

小松菌

将清酱同松菌入锅滚熟,收起,加麻油入罐中。可食二日,久则味变。

【译文】

把清酱同小松菌一起放入锅中煮熟,收汁起锅,加麻油放入罐中。可以吃两天,时间太久就会变味。

吐 蛈^①

吐蛈出兴化、泰兴^②。有生成极嫩者,用酒酿浸之,加糖则自吐其油。名为泥螺,以无泥为佳。

【注释】

①吐蛈(tiě):即泥螺,软体动物。一般产于沿海滩涂,也可人工养殖。

②兴化:在今江苏泰兴。

【译文】

吐蛈出自兴化、泰兴地区。有初生极嫩者,用酒酿浸泡,加糖后则自吐其油。名为泥螺,以无泥为好。

海 蜇

用嫩海蜇,甜酒浸之,颇有风味。其光者名为白皮,作丝,酒、醋同拌。

【译文】

把嫩海蜇,以甜酒浸泡,颇有风味。表皮光的叫白皮,切丝,与酒、醋拌食。

虾子鱼

虾子鱼出苏州。小鱼生而有子。生时烹食之，较美于鲞。

【译文】

虾子鱼出自苏州。小鱼生下来就有鱼子。新鲜时烹制而食，比鱼干味美。

酱　姜

生姜取嫩者微腌，先用粗酱套之①，再用细酱套之，凡三套而始成。古法用蝉退一个入酱②，则姜久而不老。

【注释】

①套：此指糊在生姜上进行腌制。

②蝉退：蝉的幼虫变为成虫时蜕下的壳。可作药用。

【译文】

取嫩生姜微腌，先用粗酱涂抹姜腌，再用细酱腌，共腌三次才完成。古法用一个蝉衣加入酱中，姜可保持长久不老。

酱　瓜

将瓜腌后，风干入酱，如酱姜之法。不难其甜，而难其脆。杭州施鲁箴家①，制之最佳。据云：酱后晒干又酱，故皮薄而皱，上口脆。

【注释】

①施鲁箴：杭州富商。

【译文】

将瓜腌制后，风干入酱再腌，如酱姜之法。要它甜不难，要它脆却比较困难。杭州施鲁箴家，所制酱瓜最好。据说：酱后晒干以后再酱腌一次，所以皮薄起皱，食时香脆可口。

新蚕豆①

新蚕豆之嫩者，以腌芥菜炒之，甚妙。随采随食方佳。

【注释】

①蚕豆：豆科一年生或越年生草本植物。营养价值高，可作菜肴，也属于小杂粮。

【译文】

取新鲜嫩蚕豆，与腌制的芥菜同炒，非常好。蚕豆要随采随吃才好。

腌　蛋

腌蛋以高邮为佳①，颜色红而油多。高文端公最喜食之②。席间先夹取以敬客。放盘中，总宜切开带壳，黄、白兼用；不可存黄去白，使味不全，油亦走散。

【注释】

①高邮：今江苏高邮。

②高文端公：即高晋（1707—1779），清满洲镶黄旗人，高佳氏，字昭德。初授山东泗水县令，迁安徽布政使兼江宁织造。乾隆二十

年(1755)擢安徽巡抚,受命协办徐州、黄河两岸堤工。工成,加
太子少傅。二十六年(1761)擢江南河道总督。后多次出治河
工,累官至两江总督,文华殿大学士兼礼部尚书。卒谥"文端"。

【译文】

腌蛋以高邮出品为最好,颜色红而油多。高文端公最喜欢吃腌
蛋。宴席间他总是先夹取腌蛋敬客。腌蛋放在盘中,一般是带壳切
开,蛋黄蛋白兼用;不可只存蛋黄,去掉蛋白,这样使味道不全,蛋油也
易走散。

混　套

将鸡蛋外壳微敲一小洞,将清、黄倒出,去黄用清,加浓
鸡卤煨就者拌入,用箸打良久,使之融化。仍装入蛋壳中,
上用纸封好,饭锅蒸熟,剥去外壳,仍浑然一鸡卵。此味
极鲜。

【译文】

把鸡蛋外壳敲开一小洞,将蛋白、蛋黄倒出,去掉蛋黄,保留蛋清,
加入煨好的浓鸡汁,用筷子多搅拌一会儿,使之融合。然后装回蛋壳之
内,用纸封好小洞,在饭锅上蒸熟,剥去外壳,依旧像一只完整的鸡蛋。
用这种方法烹制味道极鲜。

茭瓜脯①

茭瓜入酱,取起风干,切片成脯,与笋脯相似。

【注释】

①茭瓜:即茭白。

【译文】

把茭白放入酱中腌制,取出风干,切片制成脯,与笋脯相似。

牛首腐干①

豆腐干以牛首僧制者为佳。但山下卖此物者有七家,惟晓堂和尚家所制方妙。

【注释】

①牛首:山名,在今江苏南京西南。

【译文】

豆腐干以牛首山僧人所制的为好。山下卖豆腐干的有七家,只有晓堂和尚家所制作的最好。

酱王瓜①

王瓜初生时,择细者腌之入酱,脆而鲜。

【注释】

①王瓜:此为黄瓜的别称。

【译文】

王瓜刚长出时,选择小的用酱腌制,脆而鲜。

卷四

点心单

　　袁氏《点心单》主要介绍点心小食和糕饼一类的面制、米制食品，需要了解的是点心的概念与今不尽相同。袁氏本单所介绍的食品十分丰富，包括面条类食品、饼类食品、饺类食品、糕类食品、卷类食品、酥类食品。在食味方面，既有咸味，如面条类食品，饺子类食品；亦有甜味，如"栗糕"，"煮栗极烂，以纯糯粉加糖为糕蒸之，上加瓜仁、松子。此重阳小食也"。有些也可根据饮食需要，或咸或甜。如"粉衣"，"如作面衣之法。加糖、加盐俱可，取其便也"。既有荤食点心，如"韭合"，"韭菜切末拌肉，加作料，面皮包之，入油灼之。面内加酥更妙"。也有素食点心，如"鸡豆糕"，"研碎鸡豆，用微粉为糕，放盘中蒸之。临食，用小刀片开"。花样繁多，令人目不暇接。随着中外文化交流的发展，一些以西方烘焙方式制作的饼类，在袁氏篇中也有反映。如"杨中丞西洋饼"，"用鸡蛋清和飞面作稠水，放碗中。打铜夹剪一把，头上作饼形，如蝶大，上下两面，铜合缝处不到一分。生烈火烘铜夹，撩稠水，一糊一夹一熯，顷刻成饼。白如雪，明如绵纸，微加冰糖、松仁屑子"。

　　袁氏本单中的点心食品，也显示了较高的工艺制作水平。如"烧饼"，"用松子、胡桃仁敲碎，加糖屑、脂油，和面炙之，以两面熯黄为度，而加芝麻。扣儿会做，面罗至四五次，则白如雪矣。须用两面锅，上下放火，得奶酥更佳"。点心食品中，其形状也是千姿百态，造型逼真。如

"陶方伯十景点心","每至年节,陶方伯夫人手制点心十种,皆山东飞面所为。奇形诡状,五色纷披。食之皆甘,令人应接不暇"。如"竹叶粽","取竹叶裹白糯米煮之。尖小,如初生菱角"。

梁昭明以点心为小食[①],郑傪嫂劝叔"且点心"[②],由来旧矣。作《点心单》。

【注释】

①梁昭明以点心为小食:据《梁书·昭明太子统传》:"普通中,大军北讨,京师谷贵,太子因命菲衣减膳,改常馔为小食。"梁昭明,即萧统,南北朝梁武帝之长子,谥号昭明太子。南朝文学家。他主持编纂了我国最早一部诗文总集《文选》,保存了很多梁以前的文学作品。

②郑傪(cǎn)嫂劝叔"且点心":吴曾《能改斋漫录》卷二《事始·点心》:"唐郑傪为江淮留后,家人备夫人晨馔,夫人顾其弟曰:'治妆未毕,我未及餐,尔且可点心。'"郑傪,唐武宗时大臣,曾任江淮留后。可知唐宋世俗点心也指早餐小食。

【译文】

南北朝梁武帝太子萧统把点心作为小食,郑傪嫂也劝叔"且点心",可知"点心"一词由来已久。因此作《点心单》。

鳗　面

大鳗一条蒸烂,拆肉去骨,和入面中,入鸡汤清揉之,擀成面皮[①],小刀划成细条,入鸡汁、火腿汁、蘑菇汁滚。

【注释】

①擀(gǎn):把面团用棍来回碾压使薄。

【译文】

把一条大鳗鱼蒸烂，拆肉去骨，和入面中，加入鸡汤揉匀，擀成面皮，用小刀切成细条，放入鸡汁、火腿汁、蘑菇汁滚煮。

温　面

将细面下汤沥干，放碗中，用鸡肉、香蕈浓卤，临吃，各自取瓢加上。

【译文】

将细面放至汤中滚煮，沥干水滴，放入碗中，用鸡肉、香菇制作成浓卤汁，临吃时，各自用瓢取卤和面而食。

鳝　面

熬鳝成卤，加面再滚。此杭州法。

【译文】

把鳝鱼熬成卤汁，加上面条滚煮。这是杭州的烹制法。

裙带面

以小刀截面成条，微宽，则号"裙带面"。大概作面，总以汤多为佳，在碗中望不见面为妙。宁使食毕再加，以便引人入胜。此法扬州盛行，恰甚有道理。

【译文】

用小刀把面裁切成条，稍宽厚，号为"裙带面"。大概煮面，一般认为汤汁多为好,最好是看不见碗中的面为妙。宁愿吃光再加,以便引人食欲。这种方法在扬州十分盛行,也似有几分道理。

素　面

先一日将蘑菇蓬熬汁①,定清。次日将笋熬汁,加面滚上。此法扬州定慧庵僧人制之极精,不肯传人。然其大概亦可仿求。其纯黑色的,或云暗用虾汁、蘑菇原汁,只宜澄去泥沙,不重换水。一换水,则原味薄矣。

【注释】

①蘑菇蓬:蘑菇的菌盖。

【译文】

先一日将蘑菇菌盖熬汁,澄清。第二天将笋熬汁,加面烧煮。此种方法,扬州定慧庵的僧人所制作的最为精美,不肯传授外人。不过这种做法大概亦可模仿学习。其纯黑色的,有人说是暗中放了虾汁、蘑菇原汁,只要澄清泥沙就可以了,不需要换水。一换水,原味就淡薄了。

蓑衣饼

干面用冷水调,不可多。揉擀薄后,卷拢再擀薄了,用猪油、白糖铺匀,再卷拢擀成薄饼,用猪油煤黄①。如要盐的,用葱、椒盐亦可。

【注释】

①煤(hàn):烘烤。

【译文】

把干面粉团用冷水调和,不要太多水。揉好后擀薄,把薄片卷拢后再擀薄,把猪油、白糖均匀地铺在面上,再卷拢后擀成薄饼,用猪油煎黄。如要咸食,加上葱、椒盐即可。

虾 饼

生虾肉,葱、盐、花椒、甜酒脚少许①,加水和面,香油灼透。

【注释】
①甜酒脚:喝剩下的糯米甜酒。
【译文】
把生虾肉,加上少许葱、盐、花椒、喝剩的甜酒,以水和面,擀成饼,香油煎炸透即可。

薄 饼

山东孔藩台家制薄饼①,薄若蝉翼,大若茶盘,柔腻绝伦。家人如其法为之,卒不能及,不知何故。秦人制小锡罐②,装饼三十张。每客一罐。饼小如柑。罐有盖,可以贮。馅用炒肉丝,其细如发。葱亦如之。猪、羊并用,号曰"西饼"。

【注释】
①藩台:明清时布政使司的别称,也叫藩司,主管一省人事财务。
②秦人:陕西地区的人。
【译文】
山东孔藩台家所制薄饼,薄如蝉翼,大若茶盘,柔腻无比。家里人按孔家的方法烹制,始终不如,不知何故。秦人制小锡罐,可装三十张饼。每个客人一罐。饼如柑一样大小。罐有盖,可以贮存。馅用炒肉丝,像头发丝一般细。葱也一样。可以同猪肉、羊肉并用,号为"西饼"。

松　饼

南京莲花桥①,教门方店最精②。

【注释】
①南京莲花桥:在今南京玄武区,因桥东南有莲花庵而得名。
②教门方店:指信奉某种宗教的方姓人家开的店铺。
【译文】
南京莲花桥,教门方店制作的松饼最好。

面老鼠

以热水和面,俟鸡汁滚时,以箸夹入,不分大小,加活菜心①,别有风味。

【注释】
①活:新鲜之意。
【译文】
用热水和好面,待鸡汤滚时,以筷子夹入面,夹进的面团可大可小,加进新鲜菜心,别有风味。

颠不棱即肉饺也①

糊面摊开,裹肉为馅蒸之。其讨好处,全在作馅得法,不过肉嫩、去筋、作料而已。余到广东,吃官镇台颠不棱②,甚佳。中用肉皮煨膏为馅,故觉软美。

【注释】

①颠不棱：疑为 dumpling 的音译，即饺子。我国传统食品，尤其是
　传统节令食品之一。通常用碎肉及蔬菜馅料，以面皮包里密封，
　或蒸、或煎、或煮而食。

②官镇台：一位姓官的镇台。镇台，清朝官职名，即总兵，掌领
　军政。

【译文】

擀面摊开，裹肉为馅蒸熟。其最得意之处，全在做馅得法，不过是
以嫩肉去筋，加作料而已。我到广东，在官镇台家吃肉饺，特别好吃。
中间用肉皮煨成膏脂作馅，所以口感柔软鲜美。

肉馄饨①

作馄饨，与饺同。

【注释】

①馄饨：与饺子相似的一类食品，面皮较薄，多为汤煮。

【译文】

制作馄饨的方法与饺子一样。

韭　合

韭菜切末拌肉，加作料，面皮包之，入油灼之。面内加
酥更妙。

【译文】

把韭菜切成细末拌肉，加上作料，用面皮包裹，放入油锅煎炸。如
果在里面加些酥油更好。

糖饼 又名面衣

　　糖水溲面①,起油锅令热,用箸夹入。其作成饼形者,号"软锅饼"。杭州法也。

【注释】

①溲(sōu)面:和面。溲,浸,泡。

【译文】

以糖水和面,起油锅烧热,用筷子把面饼夹入热油中煎炸。制成饼形的,叫做"软锅饼"。这是杭州地区的制作方法。

烧　饼

　　用松子、胡桃仁敲碎,加糖屑、脂油,和面炙之,以两面煠黄为度,而加芝麻。扣儿会做①,面罗至四五次②,则白如雪矣。须用两面锅,上下放火,得奶酥更佳。

【注释】

①扣儿:也作"叩儿"。袁枚的家厨。《袁枚日记》记载:"许星河移樽,即用叩儿烹庖,所费不过三千六百文。菜颇佳,唯鸡粥一样不好。"

②罗:用罗筛东西。

【译文】

把松子、胡桃仁敲碎,加上碎糖、猪油,和在面中,上锅煎,在两面金黄时加上芝麻。扣儿会做烧饼,把面用罗筛四五次,颜色白如雪。必须使用两面锅,上下都能以火烧,如果面中放些奶酥就更好。

千层馒头^①

杨参戎家制馒头^②，其白如雪，揭之如有千层。金陵人不能也。其法扬州得半，常州、无锡亦得其半。

【注释】

①馒头：我国传统面食，以面粉与水按比例混合发酵后蒸制而成的食品，多为半球形长方体。根据需要可淡可甜。

②杨参戎：不详待考。参戎，明清武官参将，参谋军务，俗称参戎。

【译文】

杨参戎家制馒头，其白如雪，揭开好像有千层。金陵人不会做。其制作方法，一半来自扬州，另一半来自常州、无锡。

面 茶

熬粗茶汁，炒面兑入，加芝麻酱亦可，加牛乳亦可，微加一撮盐。无乳则加奶酥、奶皮亦可^①。

【注释】

①奶酥：奶制品，以牛奶加面粉、糖揉合经发酵而成。奶皮：奶制品，将牛奶煮熟后，继续微火烘煮，不断搅动，奶汁浓缩，形成黄色奶饼，放阴凉处阴干而成。

【译文】

熬粗茶汁，把炒面炒好加入，加芝麻酱也可以，加牛奶也可以，稍微加点盐。没有牛奶加奶酥、奶皮也可以。

杏 酪^①

捶杏仁作浆，挍去渣^②，拌米粉，加糖熬之。

【注释】

①杏酪:这里指杏汁。酪,原指以牛、马、羊乳汁所制成的食品。

②挍(jiào):"绞"之意。

【译文】

捶碎杏仁作浆,挤压滤去渣,把米粉拌进汁中,加糖熬食。

粉　衣

如作面衣之法①。加糖、加盐俱可,取其便也。

【注释】

①面衣:江苏常熟一带的一种民间小食,用菜末与面糊拌匀油煎而成,外形类似大饼。

【译文】

做粉衣和做面衣的方法一样。加糖、加盐都可以,根据需要而选定。

竹叶粽①

取竹叶裹白糯米煮之。尖小,如初生菱角。

【注释】

①粽:指以粽叶包裹糯米蒸煮而成。其种类繁多,糯米内根据不同需要可加入肉类、蘑菇、绿豆、蛋黄等,各地有不同的风味。

【译文】

用竹叶包裹白糯米蒸煮。形状尖小,如初生菱角。

萝卜汤圆①

萝卜刨丝滚熟,去臭气,微干,加葱、酱拌之,放粉团中作馅,再用麻油灼之。汤滚亦可。春圃方伯家制萝卜饼^②,扣儿学会,可照此法作韭菜饼、野鸡饼试之。

【注释】

①汤圆:我国传统小食与节令食品。以糯米粉所做的球状食品,内有馅料,多为甜食。

②春圃方伯:即袁枚堂弟袁鉴,号春圃。历任道台、按察使、布政使。

【译文】

以萝卜刨丝煮熟,去掉臭气,稍微晾干,加葱、酱拌匀,放在粉团中作馅,再用麻油煎炸。放在汤中煮熟也可以。春圃方伯家所制萝卜饼,扣儿学会了怎样做,参照这种方法还可以试做韭菜饼、野鸡饼。

水粉汤圆^①

用水粉和作汤圆,滑腻异常。中用松仁、核桃、猪油、糖作馅,或嫩肉去筋丝捶烂,加葱末、秋油作馅亦可。作水粉法,以糯米浸水中一日夜,带水磨之,用布盛接,布下加灰,以去其渣,取细粉晒干用。

【注释】

①水粉:即水磨糯米粉。

【译文】

用水磨粉制作汤圆,非常滑腻。里面用松仁、核桃、猪油、糖作馅,或者把嫩肉去掉筋膜剁碎,加葱末、秋油作馅也可以。做水粉的方法,是把糯米先浸在水中泡一日一夜,然后连米带水磨制,用纱布盛接米浆,纱布下面铺上一层草木灰,用来去掉残渣,把细粉晒干便可用。

脂油糕①

　　用纯糯粉拌脂油，放盘中蒸熟，加冰糖捶碎，入粉中，蒸好用刀切开。

【注释】

①脂油：动物脂肪炼成的油，此指猪油。

【译文】

　　将纯糯米粉拌上猪油，放在盘中蒸熟，把捶碎的冰糖加入粉中，蒸好后用刀切开。

雪花糕

　　蒸糯饭捣烂，用芝麻屑加糖为馅，打成一饼，再切方块。

【译文】

　　将蒸好的糯米饭捣烂，用蒸芝麻屑加糖做成馅，打成一大饼，再切成方块。

软香糕①

　　软香糕，以苏州都林桥为第一②。其次虎丘糕，西施家为第二。南京南门外报恩寺则第三矣③。

【注释】

①软香糕：江南夏令传统风味糕点小食。以糯米粉加粳米粉制作
　　而成，松软香甜，可口怡人。

②都林桥：疑为都亭桥，在今江苏苏州西北。

③报恩寺：即今大报恩寺，在今江苏南京城南。始建于三国吴赤乌间，名长干寺。南朝梁为阿育王寺。宋为天禧寺。元为慈恩旌忠寺。明永乐十年(1412)重建，赐额"大报恩寺"。该寺毁于太平天国时期，现仅存部分殿基和寺碑。

【译文】

苏州都林桥所制软香糕为第一。其次是西施家所做的虎丘糕。南京南门外报恩寺所做的则为第三。

百果糕

杭州北关外卖者最佳。以粉糯，多松仁、胡桃，而不放橙丁者为妙①。其甜处非蜜非糖②，可暂可久。家中不能得其法。

【注释】

①橙：芸香科柑橘属常绿乔木。果实品种主要有甜橙和酸橙两大类。果汁充盈，味道酸甜，富含维生素C，营养价值高。

②蜜：指蜂蜜。

【译文】

杭州北关外所卖百果糕最好。用粉糯，多加松仁、胡桃，以不放橙丁的为好。这种糕的甜味既非蜜糖，也非蔗糖，存放时间可长可短。家中并没有得到它的制作方法。

栗　糕

煮栗极烂，以纯糯粉加糖为糕蒸之，上加瓜仁、松子。此重阳小食也①。

【注释】

①重阳小食：重阳节期间吃的零食。重阳，农历九月初九是重阳节。九是阳数最大值，二九相遇，故曰重阳。重阳是赏菊的佳节，古人在这一天有登高望远、饮菊花酒的风俗。

【译文】

把栗子煮至极烂，以纯糯米粉加糖蒸熟，上面放上瓜仁、松子。这是重阳节时的小吃。

青糕、青团

拽青草为汁，和粉作粉团，色如碧玉。

【译文】

把青草捣烂为汁，和粉做成团子，色如碧玉。

合欢饼

蒸糕为饭，以木印印之，如小珙璧状①，入铁架熯之，微用油，方不黏架。

【注释】

①珙璧：古玉器，两手合持的大璧。

【译文】

蒸糕为饭，以木印印成小珙璧的样子，放在铁架上烘烤，加入少量油，就可以不黏铁架。

鸡豆糕①

研碎鸡豆，用微粉为糕，放盘中蒸之。临食，用小刀片开。

【注释】

①鸡豆：即芡实。一种水生植物的果实，可供食用或酿酒，亦可作药用。

【译文】

把鸡豆磨碎，加少量粉制作成糕，放进盘中蒸熟。吃时，用小刀切开。

鸡豆粥

磨碎鸡豆为粥，鲜者最佳，陈者亦可。加山药、茯苓尤妙①。

【注释】

①茯苓(fú líng)：寄生在松树根上的菌类植物，形状像甘薯，外皮黑褐色，里面白色或粉红色。中医用以入药，有利尿、镇静等作用。

【译文】

把鸡豆磨碎煮粥，新鲜的最好，放的时间长的也可以。加上山药、茯苓特别好。

金　团

杭州金团，凿木为桃、杏、元宝之状，和粉搦成①，入木印中便成。其馅不拘荤素。

【注释】

①搦(nuò)：用手来回按压揉捏。

【译文】

杭州金团的制作，先在木头上刻凿桃、杏、元宝的形状，将和好的面粉捏成团，按入木模子刻模而成。金团的馅料可荤可素。

藕粉、百合粉①

藕粉非自磨者，信之不真。百合粉亦然。

【注释】

①藕：莲藕，莲科植物根茎，可生吃熟吃，也具有药用价值，也可制
成藕粉。百合粉：百合鳞茎富含淀粉，可食，也可制成百合粉，也
具药用价值。

【译文】

藕粉若不是自家研磨的，不敢相信是真正的藕粉。百合粉也是
一样。

麻 团

蒸糯米捣烂为团，用芝麻屑拌糖作馅。

【译文】

把煮熟的糯米捣烂作成团，用芝麻屑拌糖作馅。

芋粉团

磨芋粉晒干，和米粉用之。朝天宫道士制芋粉团，野鸡
馅，极佳。

【译文】

把芋磨成粉晒干，加入米粉为原料。朝天宫道士做的芋粉团，以野
鸡肉为馅，极好。

熟　藕

藕须贯米加糖自煮①，并汤极佳。外卖者多用灰水②，味变，不可食也。余性爱食嫩藕，虽软熟而以齿决，故味在也。如老藕一煮成泥，便无味矣。

【注释】

①贯米：灌米。贯，用同"灌"。

②灰水：即碱水。

【译文】

藕灌上米加糖在自己家煮熟，带上藕汤，极好。外面卖的多用碱水，味道已变，不能吃。我天生爱食嫩藕，虽然是软熟的藕，还是要用牙齿咬断，所以味道全在。而老藕一煮便成软泥，便没有味道了。

新栗、新菱

新出之栗，烂煮之，有松子仁香。厨人不肯煨烂，故金陵人有终身不知其味者。新菱亦然。金陵人待其老方食故也。

【译文】

新出的栗子，煮烂熟，有松子仁香味。厨师不愿意煨烂，所以金陵人有的一生都不知道栗子的真正味道。新菱也是一样。因为金陵人要它们老了才吃。

莲　子①

建莲虽贵②，不如湖莲之易煮也③。大概小熟，抽心去皮,后下汤,用文火煨之,闷住合盖,不可开视,不可停火。
如此两炷香,则莲子熟时,不生骨矣④。

【注释】

①莲子:睡莲科植物莲干燥成熟的种子,可食用,具有补脾止泻、养
心安神之药用功效。

②建莲:福建所产莲子。

③湖莲:湖南所产莲子,也可称为湘莲。

④生骨:生硬,发硬。

【译文】

福建莲子虽然贵,不如湖南莲子容易烹煮。大概稍熟时,可将莲子
抽去莲心与莲子皮,放入汤中,用慢火煨煮,盖上锅盖,不要打开看,也
不可停火。这样大约两炷香的时间,莲子就煮熟了,吃时不会有生硬的
感觉。

芋

十月天晴时,取芋子、芋头,晒之极干,放草中,勿使冻
伤。春间煮食,有自然之甘。俗人不知。

【译文】

十月天晴之时,取芋子、芋头,晒至极干,放在干草中,不要让其冻
伤。到开春时煮食,有自然的甘甜。一般人并不知道。

萧美人点心

仪真南门外①,萧美人善制点心,凡馒头、糕、饺之类,小
巧可爱,洁白如雪。

【注释】

①仪真:县名。今江苏仪征。明为仪真县,清雍正元年(1723)为避讳,改为仪征。

【译文】

仪真南门外,有萧美人善于制作点心,如馒头、糕点、饺子一类的食品,小巧可爱,色白如雪。

刘方伯月饼①

用山东飞面②,作酥为皮,中用松仁、核桃仁、瓜子仁为细末,微加冰糖和猪油作馅,食之不觉甚甜,而香松柔腻,迥异寻常。

【注释】

①月饼:我国传统糕点之一,一般为中秋节节令食品。形状以圆或方形为多,内有馅料,主要是植物性原料。

②飞面:精面粉。

【译文】

用山东生产的精面粉,制成酥皮,中间用研成细末的松仁、核桃仁、瓜子仁,稍加上冰糖和猪油作馅,食时并不觉得很甜,而且香松柔腻,与通常的月饼不一样。

陶方伯十景点心

每至年节,陶方伯夫人手制点心十种①,皆山东飞面所为。奇形诡状,五色纷披。食之皆甘,令人应接不暇。萨制军云②:"吃孔方伯薄饼,而天下之薄饼可废;吃陶方伯十景点心,而天下之点心可废。"自陶方伯亡,而此点心亦成《广陵散》矣③。呜呼！

【注释】

①陶方伯：疑指陶易。

②萨制军：疑指萨载（? —1786），清朝疆吏。伊尔根觉罗氏，隶正
黄旗满洲。翻译举人。乾隆时授理藩院笔帖式。累迁江苏苏松
太道、松江知府、江苏布政使、江苏巡抚、江南河道总督等职。任
职期间致力于治理黄河等工程。卒赠太子太保。制军，明清总
督的别称，也叫制台。

③《广陵散》：琴曲名。三国时魏嵇康善弹此曲，不肯传人。嵇康死
后，此曲遂绝。散，曲类名称。

【译文】

　　每到年节，陶方伯夫人亲手制作十种点心，都是用山东精面粉做
成。奇形怪状，五色缤纷。吃之甘甜，品种繁多，令人应接不暇。萨制
军说道："吃了孔方伯的薄饼，天下的薄饼皆可废弃；吃了陶方伯十景点
心，天下的点心也可废弃。"陶方伯死后，这种点心就像三国时嵇康的
《广陵散》一样，曲终失存。唉！

杨中丞西洋饼

　　用鸡蛋清和飞面作稠水，放碗中。打铜夹剪一把，头上
作饼形，如蝶大，上下两面，铜合缝处不到一分。生烈火烘
铜夹，撩稠水，一糊一夹一熯，顷刻成饼。白如雪，明如绵
纸，微加冰糖、松仁屑子。

【译文】

　　用鸡蛋清和精面粉调成面糊，放在碗中。打造一把铜夹剪，夹剪头

上制作成饼形,如蝴蝶大小,上下两面,铜合贴处不到一分。以旺火烘烧铜夹,把面糊放进夹子里,一夹一烤,马上成饼。饼白如雪,如绵纸般透明,加上一些冰糖、松仁碎末。

白云片

白米锅巴,薄如绵纸,以油炙之,微加白糖,上口极脆。金陵人制之最精,号"白云片"。

【译文】

白米锅巴,薄如绵纸,以油煎烤,加上一点白糖,食之极脆。金陵人制作最为精致,号称"白云片"。

风枵①

以白粉浸透,制小片入猪油灼之,起锅时加糖糁之②,色白如霜,上口而化。杭人号曰"风枵"。

【注释】

①风枵(xiāo):指成品薄细,风可吹动。枵,空虚。
②糁(sǎn):杂,混合。

【译文】

把面粉浸透,制作成小片以猪油煎烤,起锅时加糖,色白如霜,上口脆化。杭州人称之为"风枵"。

三层玉带糕

以纯糯粉作糕,分作三层,一层粉,一层猪油、白糖,夹好蒸之,蒸熟切开。苏州人法也。

【译文】

以纯糯米粉制作成糕，分作三层，一层粉，一层猪油、白糖，再一层粉，夹好蒸熟切开。这是苏州人的制作方法。

运司糕[1]

卢雅雨作运司[2]，年已老矣。扬州店中作糕献之，大加称赏。从此遂有"运司糕"之名。色白如雪，点胭脂，红如桃花。微糖作馅，淡而弥旨[3]。以运司衙门前店作为佳。他店粉粗色劣。

【注释】

①运司：此以盐运使司机构名代称盐运使。

②卢雅雨：即卢见曾（1690—1768），字抱孙，号淡园，又号雅雨山人。德州（今属山东）人。历官四川洪雅、安徽蒙城知县、元安知州、江南江宁知府、两淮盐运使等。以诗名于世，著有《雅雨堂诗集》等。

③弥：更加。旨：美味。

【译文】

卢雅雨任盐运使时，年事已高。扬州糕店制作糕点献给他品尝，他食后大为称赏。从此遂有"运司糕"之名。这种糕色白如雪，上面点加胭脂，红如桃花。以少量糖作馅，淡而更加味美。以盐运使司衙门前店中做的糕点最好。其他店铺所做，粉粗色劣。

沙　糕

糯粉蒸糕，中夹芝麻、糖屑。

【译文】

以糯米粉蒸糕,中夹芝麻、糖屑。

小馒头、小馄饨

作馒头如胡桃大,就蒸笼食之。每箸可夹一双。扬州物也。扬州发酵最佳。手捺之不盈半寸,放松仍隆然而高。小馄饨小如龙眼,用鸡汤下之。

【译文】

制作的馒头如胡桃一般大,以蒸笼蒸熟食之。每双筷子一次可夹两个。这是扬州点心的特色。扬州发酵最好。手按住下去不超过半寸,一放松又重新隆起。小馄饨细小如龙眼,以鸡汤煮之。

雪蒸糕法

每磨细粉,用糯米二分,粳米八分为则。

一、拌粉。将粉置盘中,用凉水细细洒之,以捏则如团、撒则如砂为度。将粗麻筛筛出,其剩下块搓碎,仍于筛上尽出之。前后和匀,使干湿不偏枯①,以巾覆之,勿令风干日燥,听用。水中酌加上洋糖则更有味,拌粉与市中枕儿糕法同。

一、锡圈及锡钱②,俱宜洗剔极净,临时略将香油和水,布蘸拭之。每一蒸后,必一洗一拭。

一、锡圈内,将锡钱置妥,先松装粉一小半,将果馅轻置当中,后将粉松装满圈,轻轻搅平③,套汤瓶上盖之,视盖口气直冲为度。取出覆之,先去圈,后去钱,饰以胭脂。两圈更递为用。

一、汤瓶宜洗净，置汤分寸以及肩为度④。然多滚则汤易涸，宜留心看视，备热水频添。

【注释】

①偏枯：各方面调配不均，偏于一方面。指发展不平衡。

②锡圈及锡钱：蒸糕的锡制模型。

③搨（tǎng）平：推平，抹平。

④置汤分寸：加入水的多少。分寸，说话或办事应掌握的尺度、界限。

【译文】

每次磨粉，用糯米二分，粳米八分为标准。

一、拌粉。将粉置盘中，用凉水细洒面粉，捏则可成团，撒则如砂散开为度。用粗麻筛筛出，其剩下的部分继续搓碎，再用筛子筛过。然后把两次筛好的面粉和匀，干湿适中，用毛巾盖住，不要让风吹干，放着备用。在和面的水中酌情加点白糖则更有味道，拌粉与市场上枕儿糕的做法相同。

一、把蒸糕的工具洗干净，使用时稍稍沾点香油和水，用布擦拭。每次蒸完，都要洗擦一次。

一、锡圈内把锡钱放好，先松装粉一小半，将果馅轻放当中，然后将粉松装满圈，轻轻抹平，放在开水瓶中盖上，看到盖口有热气直冲上来为度。蒸好后，取出反转，先去锡圈，然后去掉锡钱，以胭脂装饰。两个圈更替使用。

一、把一只汤瓶洗净，水到以瓶肩为宜。但多滚则汤易干涸，宜留心观察，备好热水频添。

作酥饼法

冷定脂油一碗，开水一碗，先将油同水搅匀，入生面，尽揉要软，如擀饼一样，外用蒸熟面入脂油，合作一处，不要硬了。然后将生面做团子，如核桃大。将熟面亦作团子，略小一晕①。再将熟面团子包在生面团子中，擀成长饼，长可八寸，宽二三寸许。然后折叠如碗样，包上穰子②。

【注释】

①晕：圆，环。

②穰（ráng）：用同"瓤"，果实之肉。

【译文】

冷冻脂油一碗，用开水一碗，先将油同水搅匀，加入生面，充分揉搓至软，如擀饼一样，另外用蒸熟面加入脂油，揉合搓软，不要硬结。然后将生面做成面团，如核桃般大。把熟面亦做成团子，略小一圈。把它包在生面团子中，擀成长饼，长可八寸，宽二三寸。然后折叠如碗样，包上果实之肉为馅。

天然饼

泾阳张荷塘明府①，家制天然饼，用上白飞面，加微糖及脂油为酥，随意搦成饼样，如碗大，不拘方圆，厚二分许。用洁净小鹅子石，衬而熯之，随其自为凹凸，色半黄便起，松美异常。或用盐亦可。

【注释】

①泾（jīng）阳：在今陕西咸阳。张荷塘：即张五典，字叙百，号荷塘。陕西泾阳人。曾任江苏上元知县。工诗，兼善山水。与袁枚、赵翼等人有诗唱和。著有《荷塘诗集》。明府：对县令的称呼。

【译文】

泾阳张荷塘明府家所制的天然饼，选用上等白面粉，加上一些糖及脂油制成面酥团,随意捏成饼状,如碗大小,不拘方圆,厚大约二分。把面放在烘热的干净鹅卵石上烘烤,随其高低不一,自行凹凸,颜色半黄时起饼,这种饼酥松美味。或用盐也可以。

花边月饼

　　明府家制花边月饼①,不在山东刘方伯之下。余尝以轿迎其女厨来园制造,看用飞面拌生猪油子团百搦,才用枣肉嵌入为馅,裁如碗大,以手搦其四边菱花样。用火盆两个,上下覆而炙之。枣不去皮,取其鲜也;油不先熬,取其生也。含之上口而化,甘而不腻,松而不滞,其工夫全在搦中,愈多愈妙。

【注释】

　　①明府:指上条提到的张荷塘明府。

【译文】

　　明府家所制的花边月饼,水平不在山东刘方伯之下。我曾用轿迎其女厨到我家献技,看她用精面粉拌上生猪油反复揉搓上百次,才用枣肉嵌入作馅,然后把面团裁切成碗之大小,以手在四边捏成菱花样。用两个火盆,上下翻转烤制。枣不去皮,取其鲜美;油不先熬,取其清新。吃的时候上口即化,甜而不腻,松而不散,其工夫全在面团的揉搓上,揉搓的次数越多越好。

制馒头法

　　偶食新明府馒头①,白细如雪,面有银光,以为是北面之故②。龙文云③:“不然,面不分南北,只要罗得极细。罗筛至五次,则自然白细,不必北面也。"惟做酵最难,请其庖人来教④,学之卒不能松散。

【注释】

①新明府:不详。

②北面:北方的面粉。

③龙文:指袁枚族弟袁龙文。

④庖人:厨师。

【译文】

偶然吃过新明府家所制馒头,白细如雪,表面泛银光,以为是用北方精面的原因。龙文说:"不是,面粉不分南北,只要筛粉极细即可。用罗筛至五次,则粉自然白细,并不一定要北方的精面粉。"只是做酵最难掌握,请他的厨师来教,学了之后始终没有那种蓬松柔软的效果。

扬州洪府粽子

洪府制粽,取顶高糯米①,捡其完善长白者,去其半颗、散碎者。淘之极熟,用大箬叶裹之②,中放好火腿一大块,封锅闷煨一日一夜,柴薪不断。食之滑腻温柔,肉与米化。或云:即用火腿肥者斩碎,散置米中。

【注释】

①顶高:最好。

②箬(ruò)叶:箬竹叶,叶子宽大,可编制器物、竹笠,包粽子有特别清香之味。

【译文】

洪府所制粽子,取最好的糯米,挑选其中完整粒长色白的,去掉其中半颗、散碎的。洗净,用大箬叶包裹,中间放上一大块好火腿,装进锅中焖煨一日一夜,柴火烧之不断。粽子肉与米都融化,食时滑腻柔软。还有一种说法:这是把火腿肥的部分切碎,散置米中的缘故。

饭粥单

中国自古以农立国,"五谷为养",向以五谷杂粮作为主食,饭粥食品是历代主食的重要形式。袁氏《饭粥单》主要强调了饭粥在饮食生活中的地位,以及饭粥烹制的要求与心得,内容较为单一。

袁氏认为饭粥是饮食根本,菜肴为末。"粥饭本也,余菜末也。本立而道生。作《饭粥单》。"饭粥的制作也需具备烹制工艺水平。如米饭的烹煮,袁氏从米品、淘米、用火、量水等方面,阐述了烹制米饭的重要步骤与要求。若要烹制出美味米饭,选择优质新鲜米品,淘米以干净为度,无须过度引致米中营养流失,影响饭香。煮饭火候先旺火,后中细火,令米饭有一个焖焗过程,使其松软甘美。粥食是把谷物粮食煮成稠糊状的半流质食物。袁氏篇中指出,粥食水量多少、浓稠厚薄,素粥荤粥,不同地区,不同人群,各有所好,不一而足。

粥饭本也,余菜末也。本立而道生①。作《饭粥单》。

【注释】

①本立而道生:语出《论语·学而》:"君子务本,本立而道生。"大意是说根本的东西立起来了,"道"也就出现了。

【译文】

粥饭是饮食的根本，其余诸菜则为末。立好根本，其他事物都会应运而生。因而作《饭粥单》。

饭

王莽云："盐者，百肴之将。"①余则曰："饭者，百味之本。"《诗》称："释之溲溲，蒸之浮浮。"②是古人亦吃蒸饭。然终嫌米汁不在饭中。善煮饭者，虽煮如蒸，依旧颗粒分明，入口软糯。其诀有四：一要米好，或"香稻"，或"冬霜"，或"晚米"，或"观音籼"，或"桃花籼"。舂之极熟③，霉天风摊播之，不使惹霉发疹。一要善淘，淘米时不惜工夫，用手揉擦，使水从箩中淋出，竟成清水，无复米色。一要用火先武后文，闷起得宜。一要相米放水，不多不少，燥湿得宜。往往见富贵人家，讲菜不讲饭，逐末忘本，真为可笑。余不喜汤浇饭，恶失饭之本味故也。汤果佳，宁一口吃汤，一口吃饭，分前后食之，方两全其美。不得已，则用茶、用开水淘之，犹不夺饭之正味。饭之甘，在百味之上；知味者，遇好饭不必用菜。

【注释】

①"王莽云"几句：语出《汉书·食货志》："莽知民苦之，复下诏曰：'夫盐，食肴之将。'"大意是说盐是所有菜肴的统帅。王莽（前45—23），字巨君，西汉元帝皇后侄。西汉末年，凭借外戚身份掌握政权，后正式称帝，改国号为新。史称王莽篡汉。百肴，指所有菜肴。将，指统帅。

②释之溲溲（sōu），蒸之浮浮：此为《诗经·大雅·生民》中的诗句。

　　大意说淘米的声音溲溲作响，蒸饭的热气升腾而上。释之，即淘米。溲溲，象声词，淘米声。蒸之，蒸熟。浮浮，米受热后涨发的样子。

③春（chōng）：用石臼一类的工具把谷类的皮捣掉。

【译文】

　　王莽说："盐，是百肴之统帅。"我则说："饭，是百味的根本。"《诗经》中说："淘米的声音溲溲作响，蒸饭的热气升腾而上。"可见古人也吃蒸饭。然始终嫌米汁不在饭中。善于煮饭的，虽然以水煮，却同蒸饭一样，依旧颗粒分明，入口松软香糯。诀窍有四点：一要米好，或用"香稻"，或用"冬霜"，或用"晚米"，或用"观音籼"，或用"桃花籼"。米要春得干净熟白，梅雨天要摊开晾，不要让米发霉结块。一要善淘米，淘米时要不怕费工夫，用手揉搓，洗至水从箩中流出时，变成清水，没有米色。一要用火得法，先旺火后慢火，焖煮收火得宜。一是量米放水，不多不少，成饭硬软适中。常常见到那些富贵人家，讲究菜肴不注重米饭，舍本求末，甚为可笑。我不喜欢以汤浇饭，讨厌这样失去饭的本味。汤如果好，宁可一口汤，一口饭，分别前后食用，这才两全其美。实在不得已，则用茶、开水淘饭，还不至于完全失去米饭的真正味道。米饭甘美，在百味之上；懂得品尝的，遇到好饭不必用菜了。

粥

　　见水不见米，非粥也；见米不见水，非粥也。必使水米融洽，柔腻如一，而后谓之粥。尹文端公说："宁人等粥，毋粥等人。"此真名言，防停顿而味变汤干故也。近有为鸭粥者，入以荤腥；为八宝粥者，入以果品，俱失粥之正味。不得已，则夏用绿豆①，冬用黍米②，以五谷入五谷，尚属不妨。余尝食于某观察家，诸菜尚可，而饭粥粗粝，勉强咽下，归而大病。尝戏语人曰："此是五脏神暴落难③,是故自禁受不得。"

【注释】

①绿豆:豆科一年生直立草本。绿豆具有清热解暑之效,可制作解暑饮料,也可作糕饼原料。

②黍:一年生草本植物。其子可食,可以酿酒及制作糕点。

③五脏神:指人体五种重要器官,即心、肝、脾、肺、肾。

【译文】

见水不见米,不是粥;见米不见水,也不是粥。一定要使水米交融,柔腻一体,才能称得上是粥。尹文端公说:"宁让人等粥,而不要粥等人。"这真是名言,防止时间长了,粥味道变了,汤也干了。近来有人煮鸭粥,在粥里加上荤腥;煮八宝粥,在粥里加入果品,都失去粥的正味。如不得已,非加不可,那夏天用绿豆加入粥中,冬天用黍米加入粥中,以五谷入五谷,尚无大碍。我曾经在某观察家中吃饭,各种菜肴尚可,但是饭粥粗糙,勉强吃下,归家就大病一场。我曾就此事与人开玩笑说:"此是五脏神落难,当然经受不起。"

茶酒单

　　袁氏《茶酒单》主要对茶酒的相关内容进行经验总结与色味评点，先以概述形式对茶酒进行总括，然后再根据不同的茶品、酒品分别评述。

　　中国茶文化源远流长，丰富多彩。袁氏从多个方面对中国茶文化的烹饮特色做了总结。如饮用水的选择。大自然水源种类繁多，性质各异，天然水中就有泉水、河水、井水、湖水等。各种自然水因溶解物质不同，对于泡茶的质量影响也不同。袁氏认为最好是以泉水泡茶，泉水属于地下水，经过地层反复过滤，杂质较少。涌出地面后，在空气的作用下，增加溶解氧，同时在二氧化碳的作用下，可以溶解多种营养物质，所以泉水泡茶，尤为清香甘甜。又如茶叶的保存。茶叶中含有多种有机成分，其中糖类、蛋白质、茶多酚、果胶质都是一些亲水性的成分。而且茶叶干燥后，其形成的多孔组织具有较强吸附性。当空气中相对湿度超过茶叶水分的平衡状态，茶叶就会从空气中吸收水分与其他杂质，从而影响茶叶质量。茶叶必须保存在干燥真空的环境下，才能较好地保持其质量。袁氏在此单中提出了石灰干燥法。袁氏强调了泡茶水温控制的重要性。袁氏认为以方滚沸水泡茶最佳。滚沸过久之水，溶解于水中的空气被完全驱除，水质缺乏刺激性，茶汤失去新鲜气息。而以未沸之水泡茶，茶叶浸出物也不能最大限度析出，也令茶汤乏味。这些既是经验总结,也具有科学道理。

袁氏还介绍了当时武夷茶、龙井茶、常州阳羡茶、洞庭君山茶等著名茶品,并对各种名茶茶叶的形态、质感做了一些点评。

袁氏也对酒品进行了介绍。古人饮酒多温酒而饮,袁氏认为温酒必须守中适度,因为酒中除乙醇外,还有甲醇及其他有害物质。而甲醇等有害物质沸点均低于乙醇,加热时较易挥发。但如过分温热,乙醇挥发较多,也影响了酒的质量与美味。袁氏在篇中提出隔水温酒之法。

袁氏介绍酒品多以黄酒类为主。如绍兴酒、常州兰陵酒、金华酒等,以江浙地区为主。也有一些地方性的名酒,如德州卢酒、四川郫筒酒等,多为低度酿酒。蒸馏酒类的高度酒,只提及山西汾酒。对于一些肥腻高脂的菜肴,袁氏提倡以烧酒伴饮,也体现当时人的饮酒风尚。

　　七碗生风①,一杯忘世②,非饮用六清不可③。作《茶酒单》。

【注释】

①七碗生风:唐卢仝爱喝茶,其《走笔谢孟谏议寄新茶》诗有"一碗喉吻润,两碗破孤闷……七碗吃不得也,唯觉两腋习习清风生"之句。后遂以"两腋风生"形容好茶饮后,人有轻逸欲飞之感。

②一杯忘世:出自白居易《诏下》诗:"更倾一尊歌一曲,不独忘世兼忘身。"大意为喝一杯酒,可以使人忘掉尘世俗事。

③六清:古人常见六种饮料。即水、浆、醴(lǐ)、醸(liáng)、医、酏(yǐ)。语出《周礼·天官·膳夫》:"膳用六牲,饮用六清。"醴,甜酒。醸,糗饭杂水。医,没过滤的酒。酏,稀粥。

【译文】

　　喝七碗茶腋下生风,饮一杯酒忘掉世尘,饮用非六清不可。因此作《茶酒单》。

茶

欲治好茶，先藏好水。水求中泠、惠泉^①。人家中何能置驿而办^②？然天泉水、雪水，力能藏之。水新则味辣，陈则味甘。尝尽天下之茶，以武夷山顶所生^③，冲开白色者为第一。然入贡尚不能多，况民间乎？其次，莫如龙井。清明前者，号"莲心"，太觉味淡，以多用为妙；雨前最好，一旗一枪^④，绿如碧玉。收法须用小纸包，每包四两，放石灰坛中^⑤，过十日则换石灰，上用纸盖扎住，否则气出而色味全变矣。烹时用武火，用穿心罐^⑥，一滚便泡，滚久则水味变矣。停滚再泡，则叶浮矣。一泡便饮，用盖掩之，则味又变矣。此中消息^⑦，间不容发也^⑧。山西裴中丞尝谓人曰^⑨："余昨日过随园，才吃一杯好茶。"呜呼！公山西人也，能为此言，而我见士大夫生长杭州，一入宦场便吃熬茶，其苦如药，其色如血。此不过肠肥脑满之人吃槟榔法也^⑩。俗矣！除吾乡龙井外，余以为可饮者，胪列于后^⑪。

【注释】

①中泠、惠泉：中泠泉，位于江苏镇江金山寺外。原在长江之中，由于河道变迁，泉口处已变为陆地。古时此泉泉水甘清，特宜烹茶，久负盛名，故有"天下第一泉"之称。惠泉，在江苏无锡市郊，泉水清醇，泡茶清香，也是古代名泉。

②人家中何能置驿而办：据丁用晦《芝田录》记载，唐李德裕喜欢惠山泉水，不远千里汲取烹茶。从常州到京城长安，设置驿马进行传送，号称"水递"。驿，驿站，古代传递公文的人以及来往官员

途中歇息换马之所。

③武夷山：在今福建武夷山市。武夷山盛产茶叶，是我国著名茶叶之都，有"大红袍""肉桂""水仙"等著名茶叶品种。

④旗：茶芽已展开的称为旗。枪：茶芽尚未展开的称为枪。

⑤石灰：以石灰石、白云石、贝壳等碳酸钙含量高的产物，经过摄氏一千度左右的高温煅烧而成，是重要的土木工程建筑材料。由于石灰主要成分为氧化钙，其吸水能力通过化学反应来实现，吸水具有不可逆性，有极好的干燥吸湿效果，常做干燥用途。

⑥穿心罐：一种底部凹下、中间凸起的煮茶陶器。

⑦消息：这里指要点、关键。

⑧间不容发：相距极小，没有多少余地。

⑨裴中丞：指裴中锡。山西曲沃人。乾隆三十七年(1772)任贵州巡抚，乾隆四十年(1775)调任安徽巡抚。在任职安徽期间，与袁枚有诗文往来。中丞，明清用作对巡抚的称呼。

⑩槟榔：棕榈科常绿乔木，原产于马来西亚。果实外皮坚硬，内含多粒槟榔子，可生食。

⑪胪(lú)列：罗列，陈列。

【译文】

　　想冲泡好茶，先要备好水。水最好用中泠、惠泉之水。一般人家怎可能设置驿站运送此水？但是天然泉水、雪水，还是可以储备。新出之水则味辣，贮放时间长则味甘甜。我尝遍天下之茶，以武夷山顶所出产的，冲开呈白色的茶为第一。但这种茶上贡朝廷尚且数量有限，民间哪里能有机会品尝？其次，没有什么茶比得上龙井。清明前采摘的称为"莲心"，这种茶味较淡，要多放茶叶才好；雨前的茶最好，一芽一叶，绿如碧玉。收藏时须用小纸包，每包四两，放在石灰坛中，过十天就换一次石灰，坛口以纸盖压紧扎住，否则走气，色味就会变了。煮时要用旺火，用穿心罐，水一滚就泡，滚久了水就变味了。水不滚开而泡，茶叶就会浮在水面上。一泡好就喝，用盖把茶壶盖好，则茶味又变了。此中的关键，不能有丝毫差错。山西裴中丞曾经对人说："我昨日经过随园，才喝了一杯好茶。"哎，裴公山西人，都能说出这个话，而我看见生长在杭州的士大夫，一入官场便喝煮茶，茶味苦得像药，色红如血。这只不过是那些肠肥脑满的人吃槟榔的方法。俗气！除我家乡的龙井外，我认为可饮之茶，都列于下面。

武夷茶①

余向不喜武夷茶，嫌其浓苦如饮药。然丙午秋②，余游武夷到曼亭峰、天游寺诸处③。僧道争以茶献。杯小如胡桃，壶小如香橼④，每斟无一两。上口不忍遽咽⑤，先嗅其香，再试其味，徐徐咀嚼而体贴之。果然清芬扑鼻，舌有余甘。一杯之后，再试一二杯，令人释躁平矜⑥，怡情悦性。始觉龙井虽清而味薄矣，阳羡虽佳而韵逊矣。颇有玉与水晶，品格不同之故。故武夷享天下盛名，真乃不忝⑦。且可以瀹至三次⑧，而其味犹未尽。

【注释】

①武夷茶：即武夷岩茶，指产于武夷山的乌龙茶。属半发酵茶，制作方法介于绿茶与红茶之间，具有绿茶之青香，红茶之甘醇，是乌龙茶之上品。其品种多样，且富含各种营养物质，有助身体健康，是中国传统名茶。

②丙午：乾隆五十一年(1786)。

③曼亭峰：即幔亭峰，在今福建武夷山市南天柱峰之北。其形如幄(帷帐)，顶平旷。天游寺：位于幔亭峰之上。

④香橼(yuán)：常绿小乔木或大灌木，芸香科，果实圆形，可供

观赏。

⑤遽(jù)：急促，仓促，马上。

⑥矜：本意为矛的柄，这里指自大自傲之意。

⑦不忝(tiǎn)：不愧，不辱。

⑧瀹(yuè)：煮。

【译文】

　　我向来不喜欢武夷茶，嫌其浓苦就像饮药一般。然而丙午年秋天，我游武夷到达曼亭峰、天游寺等处。僧人道士争相以武夷茶款待。茶杯小如胡桃，茶壶小如香橼，每杯不足一两茶水。上口后不忍心马上吞下去，而是先闻茶香，再试茶味，慢慢品尝而体会茶韵。果然清香扑鼻，舌留甘甜。喝完一杯，又喝一二杯，令人性情平和，心旷神怡。这才觉得龙井虽然清新而茶味淡薄，阳羡虽好而茶韵逊色。有点类似玉与水晶的比较，品格完全不同。所以武夷茶享有天下盛名，是当之无愧。冲泡了三次，茶味犹未尽。

龙井茶①

　　杭州山茶，处处皆清，不过以龙井为最耳。每还乡上冢②，见管坟人家送一杯茶，水清茶绿，富贵人所不能吃者也。

【注释】

　　①龙井茶：浙江杭州西湖地区出产之茶，得名于西湖龙井之地，是我国传统名茶，属绿茶类。据称龙井茶创制已有千年历史，以茶品四绝，即色绿、香郁、味甘、形美而著称。二十世纪初，茶品因产地及炒制方法不同，有"狮、龙、云、虎、梅"之称。目前按国家规定，只有浙江西湖产区、越州产区、钱塘产区才能使用龙井系

列名称,其余均为假冒。

②冢(zhǒng):坟墓。

【译文】

杭州山茶,处处所产的都很清香,不过以龙井茶最好。每次回家乡扫墓,管坟人送上一杯茶来,水清茶绿,这是富贵人家也喝不到的茶。

常州阳羡茶①

阳羡茶,深碧色,形如雀舌②,又如巨米。味较龙井略浓。

【注释】

①阳羡茶:产于江苏宜兴地区的传统名茶,历史悠久。阳羡紫笋茶自唐代就成为贡茶,以汤清、芳香、味醇的特点著称。

②雀舌:即茶芽,形似雀舌,故称。

【译文】

阳羡茶,颜色深绿,形如雀舌,又如巨米。较龙井茶略浓。

洞庭君山茶①

洞庭君山出茶,色味与龙井相同。叶微宽而绿过之。采掇最少。方毓川抚军曾惠两瓶②,果然佳绝。后有送者,俱非真君山物矣。此外如六安、银针、毛尖、梅片、安化③,概行黜落④。

【注释】

①君山茶:湖南岳阳洞庭湖中君山岛所产之茶。唐代已为知名,清代纳为贡茶,是我国传统名茶之一。其以君山银针最为著名,茶香味醇,汤黄甘爽。

②方毓川：即方世俊（？—1769），字毓川。安徽桐城人。历任户部主事、太仆寺少卿、陕西布政使、贵州巡抚、湖南巡抚等。后因受贿被处死。抚军，明清时期俗称巡抚为抚军。

③六安：即六安瓜茶，产自安徽六安。传统名茶，明代始称"六安瓜片"，清代纳为贡茶。其为绿茶特种茶类，在世界所有茶叶中，六安瓜片是唯一无芽无梗的茶叶，由单片生叶制成，茶味浓而不苦，香而不涩。银针：或指白毫银针，原产于福建，属白茶类。茶叶原料均为茶芽，白毫满披，色白如银，形状似针。毛尖：属于绿茶类的子产品。一芽一叶或一芽两叶茶青炒制后命名为毛尖。各地均有生产。茶叶形态遍布白毫，茶汤味道鲜爽，醇香回甘。梅片：不详。安化：指湖南安化所产名茶。

④黜落：衰退，减退。

【译文】

洞庭君山所产茶，色味与龙井相同。叶子稍宽，更绿。采摘量甚少。方毓川抚军曾赠送两瓶，果然很好。后来也有人送来，但都不是真正的君山茶。此外，还有诸如六安、银针、毛尖、梅片、安化等茶，依次排列其后。

酒①

余性不近酒，故律酒过严②，转能深知酒味③。今海内动行绍兴④，然沧酒之清⑤，浔酒之洌⑥，川酒之鲜⑦，岂在绍兴下哉！大概酒似耆老宿儒⑧，越陈越贵，以初开坛者为佳，谚所谓"酒头茶脚"是也⑨。炖法不及则凉，太过则老，近火则味变，须隔水炖，而谨塞其出气处才佳。取可饮者，开列于后。

【注释】

①酒:指用粮食或水果等含淀粉或糖化物质经过发酵制成的含乙醇的饮料。我国酿酒历史悠久,主要以粮食为原料经发酵酿制而成,一般分为酿造酒与蒸馏酒。

②律酒:控制饮酒。

③转能:反能。

④绍兴:此指产于浙江绍兴的黄酒,属于酿造酒。其度数不高,有多种品类,可作为调味品或直接饮用。

⑤沧酒:河北沧州地区所产名酒,历史悠久,隋唐已有记载,宋明更驰名于世。

⑥浔酒:指浙江湖州所产南浔酒,属于黄酒类。酒香浓郁,口味甘醇。据称味似绍兴酒,而辣味过之。洌(liè):水清、酒清为洌。这里指醇度相对一般黄酒为高。

⑦川酒:产于四川地区的白酒。品种繁多,大多属于蒸馏酒,度数较高。

⑧耆(qí)老:老年人。宿儒:指老成的读书人。宿,老成,久于其事。

⑨酒头茶脚:喝酒要从酒坛上部舀,喝茶要喝二遍沏出的。指酒性轻,故酒坛上部的为佳;而经过二遍沏出的茶,有效成分更多析出,沏成浓厚的茶酽。因茶性重,则茶壶下部的茶,茶味更浓。

【译文】

　　我天性不近酒,所以很少饮酒,反而能深知酒品的好坏。如今各地风行绍兴酒,然而沧酒之清,浔酒之洌,川酒之鲜,又哪里会在绍兴酒之下呢!大体上酒就像那些老成博学的读书人,越老越珍贵,以初开坛的酒为最佳,俗话所说的"酒头茶脚"就是这个意思。温酒以饮,热度不及则凉,热度太过则老,靠近火酒则变味,必须隔水温酒,并且要盖严实,不让酒气挥发才佳。选取可饮的几种酒,开列于后。

金坛于酒①

于文襄公家所造②，有甜、涩二种，以涩者为佳。一清彻骨，色若松花。其味略似绍兴，而清洌过之。

【注释】

①金坛：原唐代金坛县，今为江苏常州金坛区。

②于文襄公：即清朝官员于敏中（1714—1780），字叔子，号耐圃。江苏金坛（今江苏常州金坛）人。乾隆二年（1737）进士，授翰林院修撰。曾官至文华殿大学士兼军机大臣。卒谥"文襄"。

【译文】

于文襄公家所酿之酒，有甜、涩两种口味，以味涩者为好。一种清彻入骨，颜色有如松花。其味略似绍兴酒，而清洌则胜之。

德州卢酒①

卢雅雨转运家所造②，色如于酒，而味略厚。

【注释】

①德州：今山东德州。

②转运：应为转运使，唐以后各王朝主管运输的中央或地方官员。明清时期专管盐务的官员。

【译文】

卢雅雨转运使家中所制，色同上所述于文襄公家所造之酒，而味道略为浓厚。

四川郫筒酒①

郫筒酒，清洌彻底，饮之如梨汁蔗浆，不知其为酒也。

但从四川万里而来,鲜有不味变者。余七饮郫筒,惟杨笠湖刺史木簰上所带为佳②。

【注释】

①郫(pí)筒酒:产于四川郫县,相传晋山涛为郫县令,用竹筒酿酒,香闻百步,俗称"郫筒酒"。

②杨笠湖:即杨潮观(1712—1791),名潮,字宏度,号笠湖。清金匮(今江苏无锡)人。历官山西、河南、云南、四川等地知县、知府。为官能关心民瘼。著有《吟风阁诗钞》《吟风阁杂剧》等。刺史:官名。清代用作知州的别称。木簰(pái):木筏,可在水上漂流。

【译文】

四川郫筒酒,十分清洌,喝时感觉如梨汁蔗浆,几乎不觉喝的是酒。但从四川跋涉万里而来,很少有不变味的。我曾喝过七次郫筒酒,只有杨笠湖刺史用木筏带来的最好。

绍兴酒

绍兴酒,如清官廉吏,不参一毫假①,而其味方真。又如名士耆英②,长留人间,阅尽世故,而其质愈厚。故绍兴酒,不过五年者不可饮,参水者亦不能过五年。余常称绍兴为名士,烧酒为光棍。

【注释】

①参:掺杂。

②耆英:年高而有德望之人。

【译文】

绍兴酒,如清官廉吏,不掺一丝一毫之假,所以其酒味醇真。如名士蓍英，长存千古，历尽世故，而酒质更为醇厚。所以绍兴酒，不过五年不可饮，掺水绍兴酒，存放不了五年。我常说绍兴酒为名士，而烧酒为光棍。

湖州南浔酒^①

　　湖州南浔酒，味似绍兴，而清辣过之。亦以过三年者为佳。

【注释】

　　①湖州：今浙江湖州。南浔：为今湖州下辖南浔区。

【译文】

　　湖州南浔酒，味道似绍兴酒，清辣则超过绍兴酒。也是以存放过三年者为佳。

常州兰陵酒^①

　　唐诗有"兰陵美酒郁金香，玉碗盛来琥珀光"之句^②。余过常州，相国刘文定公饮以八年陈酒^③，果有琥珀之光。然味太浓厚，不复有清远之意矣。宜兴有蜀山酒，亦复相似。至于无锡酒，用天下第二泉所作^④，本是佳品，而被市井人苟且为之，遂至浇淳散朴^⑤，殊可惜也。据云有佳者，恰未曾饮过。

【注释】

　　①常州：今江苏常州。兰陵酒：原产于山东临沂兰陵县兰陵镇。据
　　　称始酿于商代，在古代颇有盛名。

　　②唐诗有"兰陵美酒郁金香，玉碗盛来琥珀光"之句：出自李白《客

　　中行》。郁金香，多年生草本植物，著名花卉品种。原产于土耳
　　其。其花有白色、黄色及红色等，盛放多姿艳丽。

③相国刘文定公：即刘纶(1711—1773)，字眘涵，号绳庵。江苏武
　　进(今属常州)人。累官至文渊阁大学士。工诗文，有《绳庵内外
　　集》。相国，起源于春秋时期，称为相邦，曾为战国秦汉廷臣中最
　　高职位。明清时期，对于内阁大学士也雅称为相国。

④天下第二泉：即惠山泉，位于江苏无锡惠山山麓。乾隆时期，被
　　御封为"天下第二泉"。

⑤浇淳散朴：谓使纯朴的社会风气变得浮薄。这里指质量下降之意。

【译文】

　　唐诗有"兰陵美酒郁金香，玉碗盛来琥珀光"之句。我经过常州时，相国刘文定公拿出存放八年的陈酒与饮，果然有琥珀的光彩。然味道太浓厚，不再有清远悠长之意味。宜兴有蜀山酒，与它也有些相似。至于无锡酒，是用天下第二泉惠山泉水酿制的，本来是佳品，而被市井商人粗制滥造，致使酒味失于纯朴而变得浮薄，实在太可惜。据说也有好的，但我未曾喝过。

溧阳乌饭酒①

　　余素不饮。丙戌年②，在溧水叶比部家③，饮乌饭酒至十六杯，傍人大骇，来相劝止。而余犹颓然④，未忍释手。其色黑，其味甘鲜，口不能言其妙。据云溧水风俗：生一女，必造酒一坛，以青精饭为之⑤。俟嫁此女，才饮此酒。以故极早亦须十五六年。打瓮时只剩半坛，质能胶口⑥，香闻室外。

【注释】

①溧阳：今江苏常州溧阳。乌饭酒：以江苏宜兴特产乌米为原材料

　　酿制的酒。

②丙戌年:乾隆三十一年(1766)。

③溧水:在今南京溧水区。袁枚曾在此做过知县。叶比部:不详。
　　比部,明清为刑部的代称。

④颓然:扫兴之貌。

⑤青精饭:江苏地区传统特色点心,又称乌米饭。用糯米染乌饭树
　　之汁煮成的饭。颜色乌青,为寒食节节令食品之一。

⑥胶口:黏唇。

【译文】

　　我一向不饮酒。丙戌年,我在溧水叶比部家,喝乌饭酒,共喝了十
六杯,旁边的人大吃一惊,争相劝止。而我还感到扫兴,舍不得罢手。
这种酒是黑色,其味甘鲜,奇妙之处无法用言语来形容。据说溧水风
俗:生一个女儿,一定要造酒一坛,用青精饭制作。待到此女长成出嫁,
才能开坛饮酒。所以至快也要十五六年。打开酒坛时只剩下半坛酒,
酒质浓甜黏唇,香味飘散屋外。

苏州陈三白酒①

　　乾隆三十年②,余饮于苏州周慕庵家③。酒味鲜美,上口
黏唇,在杯满而不溢。饮至十四杯,而不知是何酒,问之,主
人曰:"陈十余年之三白酒也。"因余爱之,次日再送一坛来,
则全然不是矣。甚矣!世间尤物之难多得也。按郑康成
《周官》注"盎齐"云④:"盎者翁翁然,如今酇白⑤。"疑即此酒。

【注释】

①三白酒:浙江乌镇(今浙江嘉兴桐乡)特产,以糯米为原料。据方
　　志介绍三白酒以白米、白面、白水成之,故有此名。三白酒酒味

香甜醇厚,男女老幼咸宜。

②乾隆三十年:1765 年。

③周慕庵:即周銮,字德昔,号慕庵。嘉定(今属上海)人,画家。

④郑康成:即郑玄(127—200),字康成。北海郡高密县(今山东高
　密)人。遍读群经,成为汉代经学之集大成者,著有《天文七政
　论》《中侯》等书,史称“郑学”。《周官》:《尚书·周书》的篇名。
　盎齐:一种白色的酒。《周礼·天官·酒正》:“辨五齐之名,一曰
　泛齐,二曰醴齐,三曰盎齐,四曰缇齐,五曰沈齐。”

⑤醝(cuó)白:酒名,白酒。

【译文】

乾隆三十年,我在苏州周慕庵家饮酒。他家之酒酒味鲜美,上口黏
唇,在杯中满而不溢。饮至第十四杯时,还不知道是何酒,问主人,主人
说:“这是放十余年的三白酒。”因为我喜欢,第二天又送来一坛,可是味
道却截然不同。真是啊! 世间的珍品不可多得。据郑康成《周官》“盎
齐”的注解:“盎者翁翁然,如今醝白。”我怀疑就是这种酒。

金华酒

　金华酒,有绍兴之清,无其涩;有女贞之甜①,无其俗。
亦以陈者为佳。盖金华一路水清之故也。

【注释】

①女贞:即女贞酒,也属黄酒类。浙江地区风俗,生了小孩,造绍酒
　数坛,泥封窖藏,待婚嫁之时取出宴客,生女称为“女贞酒”,生子
　称为“状元红”。这些酒贮存十数年以上,醇香无比。

【译文】

金华酒,有绍兴酒的清醇,而没有它的涩味;有女贞酒的甜味,却没

有它的俗气。此酒也是存放时间较长的为佳。大概是金华地区一带水清之故。

山西汾酒①

既吃烧酒②，以狠为佳。汾酒乃烧酒之至狠者。余谓烧酒者，人中之光棍，县中之酷吏也。打擂台③，非光棍不可；除盗贼，非酷吏不可；驱风寒、消积滞，非烧酒不可。汾酒之下，山东膏粱烧次之④，能藏至十年，则酒色变绿，上口转甜，亦犹光棍做久，便无火气，殊可交也。尝见童二树家泡烧酒十斤⑤，用枸杞四两⑥，苍术二两⑦，巴戟天一两⑧，布扎一月，开瓮甚香。如吃猪头、羊尾、"跳神肉"之类，非烧酒不可。亦各有所宜也。

此外如苏州之女贞、福贞、元燥⑨，宣州之豆酒⑩，通州之枣儿红⑪，俱不入流品⑫；至不堪者，扬州之木瓜也⑬，上口便俗。

【注释】

①汾酒：我国传统名酒，历史悠久，产于山西汾阳杏花村，属于清香型白酒之典型代表。度数高，入口香醇甜润，回味悠长。

②烧酒：指各种透明无色的蒸馏酒，一般称为白酒。

③擂台：比武所设台子。

④膏粱烧：即高粱酒，以高粱酿造之白酒。

⑤童二树：即童钰（1721—1782），字二如，改二树，号璞岩，又称二树山人。浙江会稽（今绍兴）人。少弃举业，专攻诗古文。工诗，善画梅。袁枚在其卒后曾撰《童二树先生墓志铭》，并为其编诗。

⑥枸杞：中药名，枸杞属植物之果实，又称枸杞子。养肝润肺，清热明目，具解热止咳之效用。

⑦苍术：中药名，茅苍术的干燥根茎。具有燥湿健脾、祛风明目之功。

⑧巴戟天：中药名，茜草科植物。具有补肾壮阳、去湿除痛之功效。

⑨女贞：女贞子酒，一种药酒。福贞：福贞酒，江苏常熟所产一种低度黄酒。元燥：不详。

⑩豆酒：以豆为原料而酿制之酒。宣州：在今安徽芜湖宣州区。

⑪枣儿红：一种烧酒名。

⑫流品：等级，品类。

⑬木瓜：这里指的是番木瓜，热带亚热带常绿软木质小乔木。其果实长于树上，外形如瓜，故称木瓜。成熟木瓜汁多甜美，营养丰富，可以用为水果，也可作为蔬食。也可在未完全成熟时切片晒干，制作零食以及酿制木瓜酒。

【译文】

既要喝烧酒，以喝高度数的为好。汾酒乃烧酒中最劲烈的。我说烧酒，就好比人群中的光棍，县衙中的酷吏。擂台比武，非光棍不可；驱除盗贼，非酷吏不能；驱寒消滞，非饮烧酒不可。汾酒之下，山东膏粱烧酒次之，能藏至十年，则酒色变绿，上口转甜，也如光棍做久了，火气全消，才可以与之交往。尝见童二树家以烧酒十斤浸泡药材，枸杞四两，苍术二两，巴戟天一两，以布扎着坛子泡一个月，开坛甚香。如吃猪头、羊尾、"跳神肉"之类的菜，非喝烧酒不可。这也是各有所宜。

此外，还有苏州的女贞、福贞、元燥酒，宣州的豆酒，通州的枣儿红，都是不入流的酒品；最差劲的酒是扬州木瓜酒，上口就觉得是俗品。

中华经典名著
全本全注全译丛书
（已出书目）